U0087074

# 再版的讚譽

「只要本書在手，產品管理就是囊中之物，本書作者傳達了在目前現實生活中的開發產品寶貴經驗，讓你無論是透過遠端視訊或直接面對面的方式來面對人都能得心應手。如果你是從事產品創造的工作，本書將成為指引你職業生涯的光明燈。」

—— *Scott Berkun*，著有《*Making Things Happen*》
及《*The Myths of Innovation*》

「產品管理是 21 世紀最熱門的其中一種職業，大家對產品管理的了解不多、對於這個專職的期待也經常改變看法。這本書闡釋了產品管理的需求、期許與真實，並以活生生的範例做出漂亮的示範。這本書打破了僅有少數人才能從事產品管理的傳說，並打造成每個人都能參與的『實務』。我想推薦這本書給所有在職中的產品經理，以及將來想要從事產品管理的人，無論你們正處於職涯的哪個階段，都能做為你們書架上必備的聖經。」

—— *Praneeta Paradkar*，
產品管理部門主管，*Broadcom software*

「你應該可以理到，產品管理這個職務不能只用一成不變的老招就想走遍天下，這本必備的葵花寶典可以引導你，讓你避免每天活在定義產品管理時的不確定性與無奈妥協。Matt 在書中的字裡行間引領著你穿梭理論，告訴你如何真正地完成現實生活中的工作任務，身為實戰豐富的產品經理，他分享自己經歷過的血淚故事，以及對產品管理的透徹見解。」

—— *Martin Eriksson*，*Mind the Product* 的共同創始人
以及 *Product Leadership* 的共同作者

「這本書涵蓋產品經理人每天要應付的各種不確定性疑難雜症，這本書不打算將產品管理簡化成幾個框架來介紹，而是提供了實務與親自實踐的指引，裡面包含其他產品經理人如何面對自己工作的真實故事。此書從各行各業與組織的資深產品經理那裡直接複製學習經驗，並以簡明扼要的摘要和易於使用的檢查清單（checklist）來點出這些學習內容。」

—— *Petra Wille*，產品領導教練，
著有《*Strong Product People*》

「我認為以下這些人都必須讀這本書：每個產品管理的新手、或稍有經驗的 **PM**、不太了解產品管理這個領域的工程師、想要探索如何以更好方式打造產品團隊、以及偉大創新的決策者。這本書介紹目前業界實際發生而且具有說服力的故事，包含大量實用的提示以及檢查清單。這本書絕對不是一本枯燥乏味的使用手冊，而是著重於表達產品管理這件事在現實生活中有多複雜，以及產品經理目前面對的現實情況與限制，本書完美呈現了產品管理在人性、人與人之間的聯繫、以及雜亂難搞的本質，任何產品管理組織的讀書俱樂部聽著，你們必須把這本書納入書單！」

—— *Shaaron A Alvares*，資深經理，
*Agile Delivery and Transformation*，*Salesforce*

「Matt 是我認識最聰明的其中一位 **PM**，我與他的討論釐清了產品管理的藝術。這本書使廣大的產品管理社群也能閱讀這些談話，以他的經驗與最擅長的其中一項技能：為每日任務的挑戰者開拓與開放新途徑的思維能力，來為讀者提供閱讀的饗宴。」

—— *Adam Thomas*，培訓專家，
*Approaching One*

「Matt LeMay 為我們掀開產品管理的神祕面紗，這本書展現了他在產品管理的實戰方法，在他的職業生涯中，是如何面對許多既複雜又不確定性的問題。他知道這是一項艱鉅的工作，它凸顯了在保持人性同時實現共同目標的複雜程度。在這個水深難測的領域，他提供我們一些可行的方法步驟。如 Matt 所述：離開舒適圈，我強烈推薦他出版的每一本書，我很高興他在最新出版的這本書詮釋了我們技術與專業的演變。」

—— *Cliff Barrett*，產品副總，*ChowNow*

# 初版的讚譽

「除非親自投入產品管理的大海裡，否則真的難以體會那些細微差別。Matt LeMay 就是個產品管理大師，把自己身為資深產品經理的心得跟框架案例研究整理成一本經典之作，幫助大家找到產品管理的精髓。」

—— *Ellen Chisa*

「這本書就像產品管理戰場的入門祕笈。Matt 所做的是將產品管理分解為特定的職責與行動，新手 PM 可以採取這些職責和行動來勾勒、規劃、構建與監控流暢的產品開發過程。對於任何初出茅廬的產品經理而言，這都是必備的祕訣。」

—— *Blair Reeves*，

著有《*Building Products for the Enterprise*》

「這本書特別的地方在於它不拘泥於專業術語，而是講求實戰，提供了一堆超實用的小技巧。看完一章又一章的時候，我都忍不住點頭微笑。強烈推薦給所有產品經理！」

—— *Pradeep GanapathyRaj*，*Sinch* 的產品副總，

以及 *Yammer* 的前產品管理總監

「這本書是由真正有能力搞定事情、了解經理人每天都在面對的挑戰的人，把自己的經歷和眼淚倒出來寫成的產品管理寶典。不管是老手還是新手的 PM，都應該好好讀一讀 Matt 的建議。」

—— *Ken Norton*

「想成為一名出色的產品經理，光靠框架和工具是不夠的。這本書用誠實、謙卑和洞察的角度，帶你看看 PM 生活的真實面貌，分享真實世界裡的成功、失敗和常見的錯誤觀念。Matt 提醒我們，要創造成功的產品，最重要的是建立良好的關係。對於那些想要創造成功產品或希望成為頂尖產品經理的人，這本書絕對值得一讀。」

—— *Craig Villamor*，*Stash* 首席設計架構師，
*Salesforce* 的前產品副總

# 產品管理最佳實務 第二版

# Product Management in Practice

SECOND EDITION

## A Practical, Tactical Guide for Your First Day and Every Day After

*Matt LeMay* 著
廖明沂 譯

O'REILLY®

# 目錄

# 前言

我到現在還歷歷在目地記得，我曾經懷疑自己夠不夠格當個產品經理，雖然現在的我經常忘了五秒鐘前鑰匙丟哪兒了，可是那段工作經驗已經深深刻在我心底。那時候是 2011 年，我飛到舊金山公司辦公室。就坐在 Market 跟 Kearny 交界的 Monadnock 大樓的會議室裡頭，那兒有一面綠牆、一張灰沙發，還有一整面牆的白板。當時我跟其他兩位產品經理討論商業案例的優點，真的很佩服他們能隨便說出一堆厲害的商業案例。他們能隨口說出行業或公司的各種數據，甚至能輕鬆回答像「全世界有多少個鋼琴調音師？」這種問題。我真想成為像他們那麼厲害的人，雖然他們還會用黑人口音問我：「嘿！妹妹，妳最近都在忙什麼？」然後把自己度假回來的膚色跟我比較一下，接著說：「我也變跟你一樣黑了！」我對他們充滿了敬意，因為我覺得一個厲害的產品經理就應該這樣——既博學又自信，即使有時候他們驕傲得讓人受不了。

在跟這些產品經理討論我的商業案例時，我希望能得到他們的支持。但他們卻一個接一個地問了很多問題：

> 「淨現值（*NPV*）看起來太低了，*Greg* 恐怕不會認同，你的假設依據是什麼？」
>
> 「這可不是我們常用的銷售成本（*COGS*）的數字，你是從哪裡弄來的？」
>
> 「你有沒有好好算過未來預測？算了幾種？」
>
> 「你的 *epics* 有哪些？」

> 「你說跟支援團隊合作，但咱們的支援團隊是成本中心，有他們參與的事情都會讓你花更多的成本，這你應該知道吧？」

> 「這是一個對內的能力。我認為這對於我們在競爭中取得主導地位並沒有幫助。要怎麼讓它不只是個價格戰呢？」

問題總是迅速地一個接一個提出，讓我都來不及反應。有時候，另一個產品經理甚至完全無視我。我心想：「該死，如果我不能回答這兩個人的問題，那跟 Greg 對談時該怎麼保持立場呢？」我沒辦法繼續堅持，看著同事得意洋洋的樣子，我只好認輸，說：「算了，我下個會議要遲到了。」然後趕快離開會議室。

雖然我可以回答這些問題，但更想找到問題並解決它們。支援團隊確實是一股強大的力量，他們在第一線守護客戶，並將客戶的意見與問題有效地連結。我想討論這如何成為客戶的一大利多，促使公司發展。然而，一個厲害的產品經理應該能將公司的 BHAG（Big, hairy, audancious goal）[譯註 1] 和清晰的財務模型整合在一起。但我的同事似乎對此沒有共識。

產品管理這個職務充滿了挑戰，因為不同公司的產品管理職責五花八門。我在找工作的時候，每間公司對這個職位的要求也都有所不同。前兩家公司特別重視分析型產品經理，我們必須達成目標，領導階層青睞的產品經理必須懂得創造有助於實現銷售目標的財務模型。我的前一間公司則是著重於發展人際關係，並將產品、設計和工程三個單位當成一個單位來帶領。在我即將加入的新公司，則是以產品為核心，並以成長策略為主軸。

譯註 1　BHAG 的目標是為企業提供一個明確的願景，激起人員的熱情，驅使他們勇敢朝著共同的目標前進。這個目標有遠大的規模以及影響力，甚至超越了企業目前的能力範疇，並需團結並付出極大的努力與時間才有機會達成。目標會具備一定程度的複雜與困難度，需要克服許多不確定與困難的問題，所以企業必須在實現過程當中，持續的創新、學習新技術。

然而，在數位化公司中，產品管理還是有些普世法則。那就是產品經理並不是親手製造產品的人，但得對產品的一切負責，包含推出到後續維護。產品經理需要與研究及分析人員一起合作、擬定產品的大方向，並向大家宣揚這個願景、取得上級支持、贏得產品團隊信任、還要擺平各種困難。

這個職位需要勇氣、耐心、謙虛和堅韌。雖然充滿挑戰，但這份工作也非常具有價值。當產品上市了，尤其是能夠迅速驗證你的想法時，那種成就感實在令人陶醉。在整個公司中，你可以跨部門合作、與客戶和夥伴交流、與團隊共同塑造產品。產品管理能幫助你信心倍增，讓你的付出為客戶和公司帶來成功。

不過，就如同我 11 年前那深刻記憶所展現的，產品管理也可能掀起人性的黑暗面。做產品可不是當個超人，對於那些一心追求地位和認可的人，這條路可不好走。有些新手可能以為自己就是產品的「小 CEO」，或者認為他們的工作就是指揮別人做事。可惜有些人，不是跟團隊一起努力改進想法，而是在抨擊別人的點子，就像我曾經仰慕的那位產品經理。

要是我在渴望成為那些出色的產品經理時，早點讀到《產品管理最佳實務》該有多好。Matt LeMay 用幽默的筆法，分析了優秀產品經理應具備的特質：溝通、協作、向用戶學習；以及差勁產品經理的特質：防衛心強、自負、拍馬屁。《產品管理最佳實務》是對我們現實工作的刻劃，比我讀過的其他任何產品管理相關資料都更貼近我們真實的工作，擺脫了流行的專業術語和過於簡化的框架。

當我擔任 Mailchimp 的 CPO 時，真的很榮幸能跟 Matt 攜手合作，一起提高整個組織的產品管理水準。當我讀到《產品管理最佳實務》第二版時，我看到許多跟我們團隊相似的地方，那就是如何在應對前所未有的全球大瘟疫期間，迅速地適應並保持客戶關注的挑戰。對於像我們這樣一直在筋疲力竭中奮戰的產品經理來說，我相信第二版將提供非常需要的安慰和指引。

從我的 20 年產品經驗中，我明白能夠拆解財務模型固然是一項了不起的技能；但坦白說，若無法贏得團隊的信任或解決客戶的問題，這技能便無濟於事。我們需擺脫領域性與防禦心態，《產品管理實最佳務》為我們指引了一條更美好的道路。

祝閱讀愉快！

*—— Natalia Williams*
*2022 年 3 月*

# 作者給第二版的前言

這本書的初版在 2017 年春天問世，感恩老天保佑，它不需從頭到尾大改。啊哈，開玩笑啦，其實我很感激能有機會修訂並擴充這本書的內容。回頭看第一版時，我覺得很驚訝，因為在過去四年裡，我的想法已經有很大的轉變了。希望讀者在看這本書時，能在迷茫和深思熟慮的時刻中找到自己的道路和經驗，並從自己的角度和經歷出發，能對某些內容有足夠的信心提出反駁。這代表你在產品管理的實務上已經越來越強大了。

我後來驚訝地發現，我訪談了許多對這本書有貢獻的人，他們當中有些已經不再相信只靠一招就能搞定產品管理。如果用一句話來概括那些訪談，那就是「要是我當初沒那麼拘泥於公司的產品管理方式對不對，而是專注於怎麼做得更好就好了。」

我覺得這很大程度上是因為我們當中很多人都在各種企業裡工作過，已經知道沒人能真正掌握其中的奧義。我甚至懷疑兩年後，那些「做好這些事就會萬事如意」的說法會比過去幾年少很多。世界正快速變化、變得難以預測，過去常說的變幻無常、捉摸不定，現在已經是真實生活的寫照。

從這個角度出發，我們可以相信，我們有機會找回產品管理的樂趣。因為在這個角色裡無法解決的不確定性和這個世界無法簡化的複雜問題之中，有巨大的成長機會：那就是總有新的事物可以學習、有新的故事可以分享、有新的情況要應付、可以當個說書人來說新故事、可以犯下新的錯誤、克服新的挫折、重新適應自己與彼此之間的磨合。這本書就是你接下來所需要的。

—— *Matt LeMay*
*Portland Oregon*
*2022* 年 *3* 月

# 序

## 我為什麼寫這本書：要從我當產品經理的第一天開始講起

在我當產品經理前，我已經做好萬全準備，從沒這麼拼過。身為一個熱愛學習的學生，我特別強調用戶體驗的基本原理、加強程式設計技能，還學了軟體開發的方法。我把敏捷軟體開發宣言背得滾瓜爛熟，所以能輕鬆講些像最小可行產品（minimum viable product）和迭代式開發（iterative development）這些名詞。適應新工作後，我信心滿滿地找老闆，想展現一個已經快速讀過很多書、滿懷自信和幹勁的年輕人（雖然他不是產品經理，但跟很多產品經理共事過，讓他對這領域瞭如指掌）。

我跟他說：「我真的超級興奮，想要趕緊投入這份工作。」然後問他：「最新版的產品路線圖（roadmap）在哪？我們這一季的目標和關鍵績效指標設定多少？我想更了解使用者需求，該找誰交流？」看起來很疲倦的他，眼神死的深吸口氣說：「你這麼聰明，自己想。」

雖然這跟我期待的答案差了十萬八千里，但讓我懂了產品管理領域的一個重點：那就是在現實世界裡很難找到高人指點。即使我讀過那麼多書、學過很多「最佳實戰案例」，但回到辦公桌前唯一想的問題就是「我今天應該做啥？」如果沒有路線圖，我該怎麼依據路線圖管理呢？如果沒有產品開發流程，我該怎麼監督產品開發呢？

當我初入職場時，我認為這種情況是因為新創公司節奏太快、工作定義太過寬鬆。但隨著我在各種規模和類型的組織做更多諮詢和培訓，這些相似的模式（pattern）不斷出現。甚至在高度流程驅動（process-driven）的企業中，產品管理的許多工作似乎也在模糊地帶私下進行。產品的創意是在休息時間激盪出來的，而不是在策劃會議時討論出來的。高手施展政治手腕，繞過那些高度規範的敏捷框架 SAFe（Scaled Agile Framework），而混亂的人事溝通問題比框架和流程更重要。那些我剛當產品經理時問過的問題，如今很多人仍在問，包括各種組織的新手和老鳥。

產品管理在理論與實務上有很大的分別。在理論上，產品管理旨在打造人們喜愛的產品；而在實務應用面，產品管理通常代表著要為產品的逐步改進而努力（需要面對許多基本挑戰）。理論上，產品管理依據使用者需求將商業目標進行三角劃分；而實務上，產品管理通常表示著要努力不懈地釐清企業實際想要的目標。理論上，產品管理是精妙的西洋棋對弈；而實務上，產品管理感覺就像是同時進行的一百局跳棋。

總之，這本書不會一步一步教你如何打造偉大的產品，也不會教你一堆框架和技術概念讓你成為成功的產品經理。本書的目標是幫你應對那些任何工具、框架或「最佳實務案例」都無法解決的挑戰。本書闡述了產品管理的日常實務，包括所有的模糊不確定性、矛盾和勉強妥協。簡單來說，這就是我當初剛當上產品經理時就需要的書，也是每天工作都會用到的書。

## 本書適合哪些讀者

產品管理就像座橋，產品經理當橋的角色，連接起使用者需求、商業目標、技術可行性、使用者體驗、願景跟執行這些方面。產品管理因為面對不同的人、觀點和角色，所以表現形式也各有不同。

所以說，即使要定義何謂「產品管理」與「不是產品管理」，也都相當具有挑戰。就本書的主旨來看，「產品管理」是指產品與需要交涉的產品關係人的關鍵連接角色。這些角色可能有「產品經理」、「產品負責人」、「產品規劃經理（program manager）」、「專案經理」，甚至是「商業分析師」，具體方面取決於你的工作和職責。有些組織的「產品經理」是負責定義產品戰略願景的人，而「專案經理」是負責監督日常戰術。而在另一些組織，通常會預期有「專案經理」或「產品規劃經理」頭銜的人，可以填補整個企業的戰略空白。我曾與一個組織合作，那裡有一個「商業分析師」團隊，他們只是睡個覺醒來，就發現自己很神奇地變成「產品經理」了，他們沒有明確感受到自己的日常職責有什麼改變，也不知道為什會發生這樣的轉變。

職稱就像軟體工具和產品開發方法論一樣，只是給角色提供某種結構和確定性的方法，但實際上對這個角色幫助有限。成功的產品管理不是靠頭銜、工具或流程問題，而是靠實際操作。瑜伽和冥想練習都要實際操作，需要時間和經驗累積，不能單靠範例和指導就學會。

這本書適合任何想更進一步了解產品管理實務的人。對於那些剛接觸產品管理的人，我希望這本書能夠清晰而準確地呈現出你對日常工作的期待。對於有產品管理經驗的人來說，我希望這本書能提供一些方針，幫助你克服那些年復一年不斷出現的挑戰和障礙。至於其他人，我希望這本書能幫助你理解，為什麼產品經理的生活總是那麼緊張（不過當你在試圖擬定計畫或解決問題時，這樣的壓力是非常好的推進器）。

## 本書的架構

這本書的每一章都有一個特定的主題，但這些主題也是能夠相互融合的。本書第 1 章介紹的一些概念在後面的章節都會提到，而本書後面章節所深入探討的一些觀點也會在開頭時提到。在實務上，產品管理感覺就像是環環相扣的小說，而不是井然有序的教科書。

請注意，本書並沒有詳細介紹特定的路線圖工具、敏捷軟體開發方法論、或產品生命週期框架。關於選擇漏洞追蹤平台、中型初創企業產品團隊的開發方法論、或估算用戶故事的框架，已經有許多實用資訊可供參考。本書的目的並不是討論產品管理實務中可能選擇的具體工具，而是幫助你建立一個有效地結合所遇到的任何工具的實戰方式。

同樣要注意，本書也沒有詳細討論整個組織是如何「擅長產品管理」(或者是「以產品為導向」，隨你喜好)。大部分的產品經理對於他們的組織如何看待產品開發沒有多少影響力。高層管理人員的影響力也比想像中小得多。正如我們將在本書後面討論的那樣，為組織不正確地進行產品管理而煩惱，既浪費時間而且壓力山大，不用這樣。

簡單來說，我通常把產品使用對象稱為「使用者或用戶」，有時叫「客戶」。不是每個產品都是付錢的人在用，但每個產品都是給某人或某物使用。在某些情況，比如企業 B2B 軟體銷售，你可能有一個跟產品「使用者」不同的「客戶」，需要了解並連接他們的需求。想知道更多這種區別及對產品設計影響，建議看 Blair Reeves 的文章〈Product Management for the Enterprise〉。

最後，本書也沒有打算要成為高階的產品管理專有名詞介紹。如果你遇到一個名詞對你來說是新的想法、概念或是縮寫名詞，請花點時間查一下它的含義。

## 在職產品經理的真實奮鬥史

在職產品經理總有那麼點知情、密謀的氣氛，彷彿大家都知道一個祕密。對想知道的人，這個祕密就是大家都誤解我們的工作了，而且這工作真的、真的、真的超級難。產品經理可能比較愛分享「戰爭故事」更勝於「最佳實務」，也更愛談自己犯的錯，而非巨大成功。

為了讓可能受益的人分享這些對話，我把在職產品經理的故事收錄在這本書。多數的故事都來自一個問題：「在你的職涯裡，哪個故事是希望第一天當產品經理就知道的？」你會看到，這些故事主要關於人，而非框架、工具或方法。訪談的產品經理提供不少故事，我將它們融合，整合展現產品經理職涯裡可能遇到的獨特又息息相關的挑戰。

有些故事是口耳相傳，有些已經不可考，有些來自多個來源。但它們展現產品管理的混亂、複雜現實情況。我從中學到很多，並持續學習，希望你也能受益。

## 「你的檢查清單」

本書的每一章的結尾都有一個「你的檢查清單」。產品管理可以既深奧又抽象的，而我這本書的主旨是為了幫助在職中的產品經理。在每個檢查清單上，每個項目都是對該章節中探討的一個思想的行動導向摘要。

## 歐萊禮的線上學習

已經超過四十年的時間，歐萊禮多媒體（O'Reilly Media）提供技術和商業培訓、知識與觀點以幫助企業成功。我們獨特的網路提供專家和創新人可以透過書籍、文章與我們的線上學習平台，分享他們的知識和專業學問。歐萊禮的線上學習平台讓你可以隨時隨地存取直播的培訓課程、深入學習路徑、互動式程式設計環境、以及歐萊禮與其他 200 多家出版商的龐大文件與影片的集成。欲了解更多資訊請參考 *https://oreilly.com*。

## 致謝

感謝 Mary Treseler、Angela Rufino、Laurel Ruma、Meg Foley 以及在 O'Reilly Media 的每個人，你們讓關於產品管理「非常充滿個人風格和觀點的書籍」這樣的想法得以實現。

感謝 Amanda Quinn、Suzanne McQuade 和 Angela Rufino 再次協助編輯這本第二版。

感謝每一個提供正式和非正式意見回饋的人。

感謝 Natalia Williams 的膽量、耐心、謙虛和堅韌不拔。

感謝 Mikhail Pozin 幫助我問出更好的問題。

感謝 Tim Casasola 幫助我找到更好的用詞。

感謝 Ken Norton 帶甜甜圈來。

感謝 Martin Eriksson 關注社群。

感謝 Roger Magoulas 讓我加入這個團隊。

感謝每一位產品經理與我分享他們的故事，特別感謝那些幫助我簡化收集這些故事過程的人（產品經理，你懂的）。

感謝我在產品管理職業生涯中有幸合作過的每一個人，在起伏不定、哭泣和實質困境中，你們的耐心和慷慨對我意義非凡。

感謝 Josh Wexler 提供最好的咖啡會議。

感謝 Andy Weissman 在那個時候冒險相信我。

感謝 Sarah Milstein 開啟這一切。

感謝 Jodi Leo 給予我鼓勵的禮物。

感謝 Tricia Wang 和 Sunny Bates 展現真正夥伴關係的力量。

感謝媽媽沒有混淆訊息。

感謝爸爸對學習的愛並不動搖。

感謝 Joan 每天在生活中為我所做的一切。

1

# 產品管理實務

最近，我有幸跟 Pradeep GanapathyRaj 這位大神學到了不少東西，他可是 Sinch 的產品副總，還曾經是 Yammer 的產品管理主管呢。我就問了問他，對於新進產品管理人員，他希望他們都明白哪些職責。下面是他的回答：

- 發掘團隊成員的最佳潛能。
- 跨團隊合作。
- 勇於面對不確定性。

特別是對於第三點，他還補充說：「事實上，找到需要的技能這個過程，可能跟確定了這些技能後能做到的事情一樣重要。」

這回答最讓人琢磨的地方是，它們好像都不是直接跟產品有關的。很多人踏入產品管理這行，就是深受「做出讓人愛不釋手的產品」這個承諾所吸引的。確實，為真實的使用者提供有價值的產品，是產品管理最重要也最讓人感到成就感的部分。可是，要把這些產品實現出來，日常工作可不僅僅是建設，還得搞好溝通、支援和推動。產品經理在軟體開發、資料分析或市場推廣策略上再怎麼有本事，要成功還是得靠周遭的人一起來努力，而這些人可都有各種各樣複雜、難以捉摸的需求、抱負、猜疑和局限。

在本章節裡頭，我們將探討產品管理的實際操作，一起來看看產品經理在職位期望與現實差距時，該如何應對一些常見的困境。

## 產品管理是什麼玩意兒？

如今，似乎每個人心中都有一個獨特的產品管理定義，就跟真實的產品經理一樣多。這些定義對於了解個人和組織在產品管理上的思考方式都有幫助，然而它們之間往往存在著微妙而明顯的差異。而且，這些定義很難涵蓋單一產品經理在職涯中所遇到的日常經歷。

從某種程度上說，最好不要試圖從一個「正確」的定義去理解產品管理，而是要意識到不存在這樣的絕對正確定義。在應對與產品管理相關且不斷增加的討論時，我發現將注意力從「定義」轉向「描述」更有助於理解，因為這樣可以尊重每位作者的獨特觀點和經歷。

Melissa Perri 的優秀著作《跳脫建構陷阱，產品管理如何有效創造價值》（歐萊禮），是一本特別能啟發人心的產品管理著作。在這本書中，Perri 將產品經理描述為企業與客戶之間利益交換的協調者。當你意識到這項任務有多龐大、重要且複雜，你就會明白為何產品管理如此具挑戰性。

那麼，該如何在日常工作中應對這些挑戰呢？

這個問題的答案可說因人而異。在小型新創公司，你可能會看到產品經理在忙碌地策劃產品模型、與合約開發商設定檢查點，並與潛在使用者輕鬆地交流。而在規模較大的科技公司，產品經理可能會參與由設計師和開發人員組成的團隊規劃會議，與高層主管共商產品藍圖，並與銷售和客服團隊一同探討用戶需求以確立優先事項。至於在大型企業組織裡，產品經理可能會將功能需求轉化成「使用者故事」，從同事那裡汲取專業分析與見解，並投身於一場又一場的會議之中。

總之，身為一名產品經理，你可能會在不同時期忙於各式各樣的工作，而這些工作的性質也會隨著環境而變化。然而，有一條共同的主線穿越了產品管理工作的不同職位、行業、商業模式及公司規模，那就是：有重大責任，但權力不足。

### 壓力山大般的重責大任，奈米般的權力

身為一個產品經理，當你的團隊錯過了產品上市的截止日，這就是你的責任。而若你所管理的產品未能達成當季目標，這也是你的責任。無論公司其他部門對產品支援了多少，這個鍋肯定就是你要背的。

辛苦承擔大任，然而，產品經理往往又沒什麼組織權力。若你的團隊中有位設計師對產品的方向唱反調，或是有個工程師的態度影響團隊的氣氛，這些問題都需要你解決。然而，你又不能使用脅迫或命令來解決，也無法自己扛下一切。

### 需要搞定的事情，都是你的工作

成功的產品經理很少會說「這不是我的工作！」無論是否明確寫在你的工作職責內，只要是對團隊和產品成功有幫助的事情，你都得去做。這可能意味著早點來公司替團隊準備咖啡早餐，也可能是與高層激烈討論，解決團隊目標不明的問題。如果團隊自己搞不定，那就得找其他部門求助。

在初創公司擔任「產品經理」時，你可能會發現自己大部分時間都在做跟「產品管理」不太相關的事。我認識的新創公司產品經理，經常發現自己還要兼任社群經理、人資主管、UX 設計師和辦公室經理等職位。只要有事情要做，沒人能做，那麼這些事情就會落在你的肩上。即使在大公司，你也得偶爾站出來做一些不是你職責範圍內的工作。因為你需要對團隊和產品的表現負責，所以「這不是我的工作」這種說法，在財富 500 大企業和五人新創公司裡都同樣沒用。

當個產品經理，更具挑戰的是很多事情不是你一人能獨立完成的。你不能天真以為只要消失幾週去瘋狂讀很多書，然後回來就有可以完美交付產品的能力。你需要向旁人求助、學

習並攜手合作，可是他們不一定是你團隊裡的人，也可能不覺得有幫你的義務。

你就像是夾心餅乾

產品經理常處於事務的核心，需在商業需求與使用者之間進行翻譯，調解工程師與設計師之爭，連結公司策略與日常產品決策。成功的產品管理在於每天與代表各種觀點、技能與目標的人們互動。你必須學會適應他們的溝通風格、敏感度以及言行差異。

即使在高度結構化、制度化或資料導向的組織，你還是得應對一堆模糊不清的怨言和未解決的衝突。別人只需要專注自己的工作，但你的職責得協調處理這些複雜的、真實世界的人際關係。

## 何謂「非產品管理」？

產品管理有許多不同面向，但也不是包羅萬象。以下是一些產品管理的現實面，對某些人來說可能會令人失望：

你不是大老闆

我時常見到有人將產品經理稱為產品的「小老闆」。不幸的是，我所見過的大部分「小老闆」型產品經理其實只是徒有虛名。確實，身為產品經理，你要為產品成敗負責任。但要履行這個職責，得依賴團隊的信任與努力。若你真的把自己當成老闆，那很快就會失去團隊的信任。

其實你並非親自打造產品

對某些人來說，產品管理或許會讓人想起那些各領域全才的發明家與工匠，他們辛勤耕耘，將顛覆性的創意展現給世人。倘若你熱愛親手操刀，你可能對產品管理的聯繫與推動感到非常沮喪。此外，對於打造你所管理產品的人，你想要深入了解技術與設計決策的好奇心，可能會被他們視為惱人的微型管理。

這可不代表說你可以對產品團隊的技術與設計決策不聞不問。身為產品經理，對同事的工作真心感興趣可說是你應做的最重要之事。然而，對那些奉行「算了，我自己來」解決問題的人而言，產品管理往往是個特殊挑戰。如果你和我一樣，總是討厭學校的團體作業，寧可努力獨自承擔一切，那麼產品管理將是教會你學會信任、合作與委派的重要且辛苦的功課。

### 你無法等人告訴你要做什麼

正如我在擔任產品經理的第一天所領悟到的，這個職位通常缺乏明確的指引與指示。規模較大的公司，尤其是在產品管理方面有較豐富經驗的公司，更可能對產品經理的角色有明確期待。但即便在這些公司，你仍需努力探索應該做什麼、與誰交流以及如何有效地與團隊中的特定成員溝通。

假如你不懂老闆下達的指令，可不能就這樣等著他們來解釋清楚。在設計稿中若發現隱含的問題，也不能等別人發現之後才行動。你的工作就是要敏銳地察覺、評估、設定優先順序，然後解決任何可能妨礙團隊達成目標的事情，不管有沒有人告訴你這麼做。

## 優秀產品經理的條件

有些企業對產品經理的條件有特殊喜好，譬如亞馬遜（Amazon）對 MBA 學位情有獨鐘，谷歌（Google）則偏愛史丹佛資訊工程的學生（兩家公司一直都有這個傳聞）。一般而言，產品經理的「典型」形象為技術達人兼具商業頭腦，或商業頭腦出眾且不會惹毛開發者的人。

不過，很多產品經理都有這些特色，但是我碰過最讚的產品經理（包括亞馬遜和谷歌的老將），也不見得就符合這些「典型」的條件。其實厲害的產品經理來自各行各業。我曾經遇過的高手之中，有音樂家、政治家、非營利組織的夥伴、演員、市場銷售專家等。他們都喜歡解決有趣的難題、學習新知以及和聰明的人共事。

卓越的產品經理是經歷、挑戰與同事的總和。他們不斷自我提升、調整自己的方式，以滿足團隊與組織的特定需求。他們保持謙虛低調，知道永遠都有新知識要學、充滿好奇心，還會跟周遭的同仁學習。

有時我跟想找公司內部產品經理候選人的組織諮詢，我都會讓幾個人畫張圖，顯示公司裡面的資訊傳遞方式，這不是正式的組織圖，就只是大家怎麼互動溝通的一個草圖。沒想到有些人常常出現在最中間的位置。這些人就是資訊經紀人、聯繫點、思路開放的人，積極尋求新的觀點。他們很少符合「傳統」產品經理的形象，有時甚至一點技術背景都沒有。但這些人已經證明了，他們有興趣跟能力去做關鍵的聯繫工作，對於成功的產品管理來說至關重要。

## 糟糕的產品經理都有哪些特徵？

雖然不能用一個簡單的個人檔案就判斷是不是厲害的產品經理，但對於是不是個糟糕的產品經理這個問題，大家的看法是相當地一致，幾乎每個組織裡面都能找到一個糟糕的產品經理：

術語達人（*The Jargon Jockey*）

　術語達人就想讓你知道，你所說的方法在所謂的混搭式 Scrum-ban 或許行得通，但對於拿到 PSM III Scrum Master 認證的人而言，那可是天大的笑話。（如果你不懂這些術語，術語達人會對你的能力感到傻眼 —— 你是怎麼找到這份工作的？）術語達人會用你不熟悉的詞彙來解釋，而當有高風險的爭議時，他似乎會更愛用這些術語。

### 史蒂芬・賈伯斯的信徒

請看史蒂芬・賈伯斯的不同凡想（The Steve Jobs Acolyte Thinks Differently™）。這類產品經理喜歡靠在椅子上，提出宏大且具挑戰性的問題。他想提醒你，當初人們也不知道自己需要 iPhone 啊。賈伯斯信徒不想只是打造更快的車，而是想要打造出前所未見的交通工具。他們不會直接說你的用戶很傻，但他們自認為有賈伯斯那樣的遠見，跟你的用戶不同。

### 英勇的產品經理

英勇的產品經理帶著一個絕妙的點子拯救整個公司，毫無畏懼。他們對於這個點子可能行不通的原因，或者已經討論過無數遍的情況並不感興趣。你聽說過英勇的產品經理在上一家公司做的事情嗎？他們幾乎是獨力完成了整個專案，至少是其中的核心部分。然而，在這家公司，英勇的產品經理似乎從未得到足夠的資源和支持，讓他們兌現那些驚人的承諾。

### 強人

強人做事有效率。你知道嗎？去年強人的團隊推出了五十項功能。而且你聽說過強人帶領團隊連續熬夜三個晚上，以確保主要產品能按時上市？公司高層敬重強人，認為他們是能夠交付大量成果的人，但究竟這些成果對公司和用戶有什麼實際意義，卻依然不得而知。而且你不禁會注意到強人團隊的成員似乎都顯得有些焦慮……而且想要辭職的成員，一直在增加。

### 產品犧牲者

好的！產品犧牲者（圖 1-1）會承擔這件事。如果產品沒有按時推出或未達成目標，產品犧牲者會毫不猶豫地承擔全部責任。產品犧牲者認為每天早上為整個團隊買咖啡沒什麼大不了的，但他們似乎有點過於強調放置星巴克托盤的方式。產品犧牲者一再強調，他們把這份工作放在生命中的首要位置，但每當你向他們提出新的問題或關注時，他們似乎都感到憤怒和不堪重負。

**圖 1-1** 活捉一個產品犧牲者

這些陷阱超容易踩到的，在我的職業生涯中，也曾經深陷其中無法自拔。為什麼啊？因為大部分的陷阱都是源自缺乏安全感，而非刻意害人或無能。產品管理這個行業根本就是很容易造成沒有安全感的大魔王，這個大魔王會挖出我們最不堪的一面。

由於產品管理是一個連結和促進各方面的角色，產品經理所帶來的實際價值實在是一言難盡。你家的開發人員可以寫一萬行的程式碼，你家的設計師可以畫出一個讓在場所有人驚嘆的感官與視覺世界。你家的 CEO 是帶領團隊成功的遠見家。而你到底做了什麼？

這個問題——以及想要證明自己價值的衝動——可能會讓人不小心走上自我毀滅的道路。有些產品經理因為沒有安全感，開始用一堆專業術語來說明產品管理有多複雜重要（術語達人）。他們可能（也常常會）帶領團隊走向筋疲力竭的境地，只為了證明自己做了多少事情（強人）。他們甚至可能會公開展示自己為了完成所有事情付出了多少個人犧牲（產品犧牲者）。

產品經理在團隊裡創造的價值非常多，最厲害的產品經理就是真心覺得團隊成功就等於自己成功的那些人。這些產品經理的團隊會用像「我信任他就像我相信我自己一樣」和「那個人讓我每天上班都非常熱血」這樣的詞語來形容他們。要是你開始覺得自己的工作有點沒安全感，多跟團隊聊聊，看看你要怎麼幫助團隊成功。但千萬別因為沒安全感而成為一個糟糕的產品經理啊！

## 不！你不需要每週工作六十小時才能成為產品經理

過去半年裡，很多人跟我說：「我好想當產品經理，但是聽說每週要工作六十小時才能做好這份工作。」我剛開始工作的時候，可能會非常認同這種看法，甚至會說出令人討厭的話，像是「如果你夠幸運的話，只需要六十小時呢！」但現在我已經不再相信這種觀念了，而且我相信我們這個行業也已經越來越成熟了，不像以前那麼苛刻了。

回想起當產品經理每週工作六十小時的日子，其實大部分時間都是因為經驗不足、缺乏安全感以及無法有效地分配時間造成的。當時我一頭霧水，害怕別人會發現我不知道自己在做什麼，因此我開始想辦法讓自己看起來很高調、很耀眼地在做事（結果我從一個懵懂的新手變成強人，再變成產品犧牲者）。這種做法讓我的心理健康變得一團糟，也對我的團隊造成了嚴重的傷害，他們不知道要不要跟我一起在辦公室留到晚上 8 點，而我還在那裡大聲地嘆氣、敲打鍵盤。

在我身為產品經理最有效率、影響力最大的那幾年，大部分工作日我都是從早上 10 點工作到下午 4 點，而且這是在一家步調快、成長快的新創公司。在一些超有才華的同事（還有一位超讚的治療師）的幫助下，我學會了把重點放在對團隊達成目標有幫助的事情上，不再過分擔心同事會不會覺得我偷懶。事實證明，除了我自己，沒人特別在意我週五晚上在辦公室待到多晚，或者我週日早上回覆 Slack 訊息有多快。

任何努力學會設定界限和分配時間的人，都會對不合理以及不健康的工時感到不滿，而且這也是理所當然的。產品管理領域迫切需要更多會設定界限和分配時間的人。認為長時間付出是工作的一部分這種觀念，只會阻礙有才華的人加入這個領域，也阻礙已經在產品管理領域的人學會如何分配時間、無法為團隊設定合理且健康的期望。咱們一起克服這個觀念吧。

## 那麼產品規劃經理（program manager）呢？產品負責人呢（product owner）？

幾乎每次我在產品管理研討會演講時，第一個問題總是「產品經理」和「產品規劃經理／產品擁有者／解決方案經理／專案經理」之間到底有什麼關聯。

這個問題很好理解，畢竟隨著產品和與產品相關的職位名稱越來越多，很難明確定義角色和目的。如果你是一個產品經理，而你們團隊突然找來了一個產品規劃經理，那你會怎麼想？你會覺得自己是不是要被淘汰了？還是有人要跟你搶飯碗呢？再談到敏感話題，誰的薪資比較高呢？

當我開始進行產品管理的教學和教育訓練時，我盡力結合過去的經驗和網路搜尋來明確回答這些問題。我自信滿滿地說：「嗯，在大部分的情況下，產品經理就是負責讓團隊達成績效的人，而產品負責人就是負責管理團隊日常活動的人。」眾人點頭表示認同！總算解脫了！終於有個具體而明確的答案！

但我花了幾個星期的時間才發現，自己竟然正在跟一個完全相反定義這些職位的組織合作。當我開始給出我慣用的答案時，一位高層打斷我說：「嗯，其實我們這裡的定義有點反過來。為什麼要把負責團隊日常活動的人稱為產品負責人，而把負責產品成果的人稱為產品經理呢？」別說「我 Google 到的」，這可不是一個好答案。

自那悲慘的一天以來，我讓自己開始提供一個不同以往，而且不是那麼令人滿意的回答：「這在不同的組織和團隊之間差異很大。有些組織以一種方式來定義差異，而另一些組織則完全相反。可以跟你組織的同事聊聊，了解他們如何看待這個角色以及他們對你的具體期望為何。」點頭的次數減少了，解脫感也減少了。

我已經開始把那些名字越來越長的「某某經理」當作「很難區分的產品角色（Ambiguously Descriptive Product Roles, ADPRs）」，總之就是一堆頭銜讓你看不懂日常工作到底在做什麼事。身為一個 ADPR，在團隊中遇到其他 ADPR 的時候，我只能給出這種令人傻眼的建議：「大家坐下來聊聊，看看到底要做什麼，然後想想怎麼一起完成。別再糾結頭銜上的界定了，努力做好事情才是重點。」當個 ADPR，你可能永遠搞不清楚工作內容，多問問題，跟團隊緊密合作，專注在做有影響力的事。

就算被問到像「用戶成長型產品經理」或「技術型產品經理」這種專業 ADPR 頭銜，我也提供相同的建議。產品經理角色專業化讓我覺得很矛盾。好的一面是，這個趨勢可以幫助在特定公司擔任特定角色的人員提供更多的明確期望。壞的一面是，它可能變成了掩飾產品管理經理本來就是要多才多藝的做法。（我已經聽到「天啊，那個人只當過用戶成長型產品經理，你覺得他能當功能型產品經理嗎？」的對話，我擔心之後還會出現更多類似談話。）

總之：每個公司的每個團隊對於產品管理的工作都有些不同。越早接受這個事實，你就能越早用你自己的方式，全力以赴去完成你的特定產品管理工作。

## 結論：航行在迷霧大海中

無論你讀了多少本書（包括本書在內）、翻閱了多少篇文章，或者與在職產品經理聊了幾次，這份工作總是會帶來新鮮的、意想不到的挑戰。盡你所能對這些挑戰保持開放心態，如果可以的話，好好享受你在角色模糊中可能學到的許多新知。

## 你的檢查清單

- 做產品經理意味著你得做很多事。只要能幫助團隊達成目標，就算你的日常工作沒有多大的遠見和重要性，也別感到灰心。
- 積極尋找各種方法，幫助你的產品和團隊成功。沒人會一直告訴你該怎麼做。

- 提早解決可能的誤解和不一致問題，不管它們在當時看起來多麼微不足道。
- 不要過於關注成功產品經理的「典型形象」，因為成功的產品經理可能來自任何地方。
- 別讓不安全感把你變成糟糕的產品經理諷刺漫畫形象！克制因防衛心態而想要展現你的知識或技能的衝動。
- 用你對企業、使用者和團隊的影響來衡量你的成功，而不是你的工時。
- 別再找那些模糊產品角色（例如產品經理、產品負責人或產品規劃經理）的單一「正確」定義。接受每個團隊裡每個產品角色的獨特性，並多提問以了解你所需要的具體期望。
- 如果你的團隊有多個含糊不清的產品角色（例如產品經理和產品負責人），請與你的 APDR 同事合作，找出共同目標，並以最佳方式來一起努力實現這些目標。

2

# 產品管理的核心技能

在各個團隊和組織中，產品管理這個角色多樣到很難確認它所需的實際技能。這經常導致將產品管理描述成好幾種其他職業的全能混合物，只要會寫點程式、有點商業頭腦、再懂一些使用者體驗設計，那你也是個產品經理了。

然而，在本章中，我們會談到產品管理這個天生負責溝通傳遞工作的職務，其實是需要一整套自己的技能。釐清這些技能有助於讓產品管理建立獨特又有價值的定位，並指導產品經理如何在日常工作中表現得更好。

## 混合模型：UX/ 技術 / 商業

目前大家普遍認同的產品管理形象，就是一個三個圈圈的文氏圖（圖 2-1），把產品管理定位在商業、技術和 UX（使用者體驗）的交集地帶。

我倒是看過這個圖的一些改編版，有時 UX 會換成「設計」或「人」，有時商業會換成統計或財務。我最近還看到一家大銀行招聘的職位，要求應徵者得擅長「商業、技術和人力資源」，這完全不像是由有情感的 AI 寫出來並找尋的職缺條件啊。

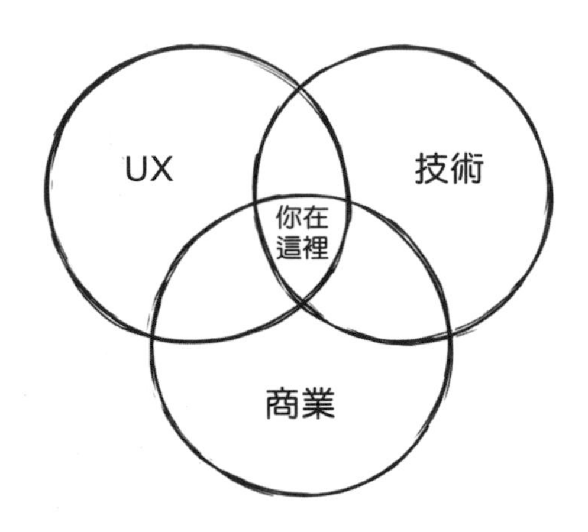


**圖 2-1** 混搭式產品管理的文氏圖，出自 Martin Eriksson 的文章〈產品經理到底都在做什麼事？〉（*https://oreil.ly/K6MZ3*）

我很高興年初時，能跟文氏圖的創作者 Martin Eriksson，在他幫忙創立的 Mind the Product 社群舉辦的燈火晚會中，互相交流心得。在這次的交流中，Eriksson 分享了文氏圖的靈感是源於他想分享自己對產品管理角色的獨特看法，而不是要給後來的人定義產品管理角色：

> 這個定義絕非一成不變的最終說法，只是我想分享我當時在做的工作，以及我的看法，還有為何我覺得這份工作很棒。這個文氏圖來自於觀察我當時正在建立的團隊。那時我在一家新創公司擔任產品副總，基本上是該公司第一位真正負責產品的人。那時我們正尋找「如何建立跨功能自主團隊？」的方法，雖然當時並沒有明確地這樣稱呼它。我在想，「要讓團隊成功並打造出卓越的產品，需要哪些要素？」最重要的就是這三個方面 —— 對客戶、用戶體驗的理解，以及對商業層面的感知。如何讓產品具有價值並得到這個價值，還有如何與工程團隊合作來實際交付，並確保產品是可行的？

這個簡單又犀利的團隊將產品經理這個角色的定義詮釋得很好，讓人眼睛一亮。的確如此，你應該沒有看過一個產品經理，不用了解使用者或客戶、不需要懂業務，也不用了解幫助團隊實際交付能增強企業與客戶價值的產品。當我剛開擔任產品經理時，這個圖案讓我豁然開朗，幫助我明白我在世界上的地位是獨一無二的。我並不只是個工程師、設計師或商業分析師，而是很特殊的角色，需要把這些全然不同的職位連接與整合，幫助我的團隊成功。

當然啦，這只是其中一種解讀，這個文氏圖還有其他解釋，但有些……顯然就沒那麼實用了。有個我常碰到、不太有幫助的解釋，就是把文氏圖當成平面圓圈來看：以為產品經理得具備開發人員、設計師和業務分析師的所有技能和知識。如果這樣要求具備整個團隊甚至整個公司技能和經驗的產品經理職位嚇到你，那你可能已經看到這個錯誤的實際應用。對此，Eriksson 再次澄清：「產品管理是處於這三者的交集，但這並不意味著我們必須掌握所有答案，或者成為這三者中的任何一個或全部的專家。」

說實在的，當設計師、開發人員或業務分析師所需的技能，可能跟協調這些人之間的技能大不相同。這個文氏圖可以幫你了解身為產品經理的位置，但就像任何單一模型或描述一樣，它無法告訴你在那裡該怎麼做。事實上，當我問 Eriksson 文氏圖附帶的警示時，他認為產品經理的角色因團隊和組織而異，沒有一個統一標準可以套用在所有情況。所以，得因地制宜，不能只靠單一個固定模型。

## 產品管理的核心技能：溝通、組織、研究和執行

在最理想的產品管理環境中，你可能會和一位設計師、一位工程師組成經典的「產品鐵三角」，還得定期與團隊外的商業利害關係人互動。但通常你還得跟那些不在文氏圖裡的利害關係人建立

聯繫和協調。在受監管的大型企業中，產品經理可能大部分時間都在忙著協調律師和客戶經理。在新創公司，產品經理可能主要忙於協調公司創辦人，和外面找來幫忙開發公司產品初代版本的供應商。

當我主持各家公司的產品管理工作坊時，我通常先問他們：「在你們公司，要達成目標，必須跟哪五大角色打好關係？」他們的答案千奇百怪。事實上，有些人首先列出開發人員、設計師和業務利害關係人；而有些人則列出市場營銷人員、銷售人員、資料科學家和法務專員；有些人則列出了我從未聽說過的職稱，還有些人只是寫下「顧客」兩個大字，然後就收工了。

隨著產品管理成為更普遍、影響範圍更廣的角色，產品經理所面臨的文氏圖只會變得更加複雜與難以預測。考慮到產品經理必須連結和協調各種不同範疇的利害關係人，問題變成了：「產品經理要在各個組織、團隊和行業中，成功連結和協調他們每天工作中遇到的人，會需要具備哪些具體技能？」

當我開始研究這本書時，我想出了一個新的技能模型，更能描述使產品管理成為獨特且刺激角色的連接技能。在我與各行各業和組織的產品經理訪談時，我發現成功需要的基本技能通常很像圖 2-2。產品經理必須要能夠：

- 與利害關係人「**溝通**」。
- 「**組織**」產品團隊以取得持續成功。
- 「**研究**」產品使用者的需求和具體目標。
- 「**執行**」產品團隊日常任務，以達成其具體目標。

這個「核心」技能模型構成了一個新的產品管理框架，更能反映在不同組織和行業中該角色的日常現實。

**圖 2-2** 產品管理的核心技能

接下來，我們來詳細解析產品管理的核心技能，每項技能都有一個指導原則，闡述如何將這些技能付諸實現。

## 溝通

清楚勝於舒適。

溝通可說是產品經理最需要練習和發揮的技能。如果你無法有效地跟團隊、利害關係人和使用者溝通，那麼你想當一個成功的產品經理可是難上加難。頂尖的產品經理不僅要能承受，而且能積極享受在具有不同經歷和觀點的人之間，創造共識和理解的挑戰。

溝通的指導原則是「清楚勝於舒適」。在工作生涯的關鍵時刻，我們常常得選擇清楚或舒適。例如，你可能參加一場會議，其中一位大老闆提到幾週前你們團隊選擇要降低某個功能的優先權。

為了避免尷尬，你可能選擇裝作沒聽見，認為那功能只是產品上市的一小部分，不算什麼大事。但從老闆角度，你的沉默可能讓他們認為你已經默認，也就是那個小功能一定會成為產品上市的一部分。這種不清楚的後果可能微不足道，但也可能毀了大事。

很多時候，這些讓人不舒服的時刻通常是最關鍵的。不舒服往往代表缺乏清楚表達。這是個寶貴的指標，表示人們還沒達成共識，或者期望還不明確。作為一名產品經理，你不能怕不舒服；你必須積極面對它，為自己和團隊找到清楚的方向。在第 4 章〈聊天聊到飽〉，我們將探討怎麼實現「清楚勝於舒適」的具體策略。

在這裡我想強調，良好的溝通可不只是「使用華麗的詞彙和令人嘖嘖稱奇的語言表達」。很多我接觸過的產品經理，尤其是自認為內向的人，或者使用非母語工作的人，總是擔心他們在發展溝通技巧方面天生處於劣勢。但事實上，我發現這些產品經理在培養清楚勝於舒適的能力方面往往比別人更強，因為他們對於克服不確定或不舒適，達成自己和團隊的清楚目標方面更有經驗。

不管你的起點如何，總有辦法讓你變成更好的說話高手。以下是幾個問題讓你評估一下自己的溝通技能：

- 我有沒有提出該問的問題，進行該進行的對話，讓我的團隊清楚明白我們在做什麼，以及為什麼要這麼做？
- 如果我覺得合作能達到更好的用戶和商業效果，我有沒有主動和其他產品團隊、經理聯繫？
- 當利害關係人找我時，我有沒有迅速且經過深思熟慮地回應？
- 在尋找潛在解決方案時，我有沒有一直提供多種選擇，並引導利害關係人了解每個選擇的利弊得失？

## 組織

讓自己變得多餘。

除了發揮自己厲害的溝通技巧，產品經理還得擺平團隊，讓大家協同合作。如果說溝通技巧是處理人與人之間的互動，那組織就是讓這些互動變得有條不紊、更具規模。

不是所有擅長個人溝通的人都具有天生的組織才能。無論擁有再多知識、人緣再好，但一旦缺乏組織技能，產品經理通常都會成為團隊的瓶頸。他們到處指導、疏通團隊成員的障礙，解決衝突，但只有他們持續參與時，團隊才有辦法正常運作。這種缺乏組織技能的產品經理特別喜歡聽到「我們現在應該做什麼？」等問題，因為這些問題讓產品經理處於引導團隊日常重點和決策的絕對必要角色。

相對而言，擅長組織的產品經理會將「我們現在應該做什麼？」這樣的問題，視為某些環節出現問題的跡象。他們會努力讓團隊中的每個人都知道自己應該做什麼、以及為什麼要做，而不必親自一直詢問他們。當出現問題時，這類產品經理不僅會想「我現在如何解決這個問題？」還會問「我該怎麼做才能確保這種情況不再發生？」

組織的指導原則就是「讓自己變得多餘」。擅長組織的產品經理會與團隊打好關係，將人員、流程和工具安排得井然有序，讓團隊不需要他們一直參與或監督，就能自立自強。讓自己成為多餘的人，對許多產品經理來說是無法接受的，尤其是那些渴望個人努力得到認可的人。但最好的產品經理會明白，當他們賦予整個團隊力量時，這些個人努力才能發揮最大的效果。

以下是一些問題，可以用來評估你的組織能力：

- 如果我休假一個月，我的團隊是否有足夠的資訊和流程，可以在沒有我每天參與的情況下優先提供事項並完成工作？
- 如果我問團隊中的任何人「你在做什麼？為什麼？」他們是否都能立即給出一致的答案？
- 如果其他團隊的某人想知道我的團隊在忙啥，他們能不能輕鬆地用最新、易懂的方式獲得這些資訊？
- 如果某個流程或系統不適合我的團隊，或缺乏流程或系統，我是否會主動跟團隊一起改變這個流程或系統？或者，如果我們不能直接改變，我是否會主動跟團隊一起改變我們跟這個流程或系統的互動方式？

## 研究

活在你使用者的現實裡。

研究就是產品經理在忙碌的日常工作中與外面複雜世界保持聯繫的方法。研究包括正式的活動，像是使用者訪談，還有非正式的聊天、Google 搜尋和社交媒體，這些都能幫助產品經理跟使用者保持同步。好奇心是產品經理的關鍵思維，而研究就是把好奇心付諸實踐並擴展到組織之外。

沒有研究技能的產品經理通常會帶領團隊照著事先設定的路線走，而不花時間去問為什麼要走這條路，也不尋求可能促使他們調整路線的新資訊。這些產品經理可能能按時完成任務，但他們在市場和使用者方面始終在後頭追趕。

研究的指導原則是「活在你使用者的現實裡」。每個產品都有使用者，無論是消費者、其他企業還是使用 API 的工程師。對你來說重要的事情，比如專案的完成期限、管理產品待辦事項或平衡損益表，對他們來說一點也不重要。你的使用者有自己的一套優先事項、需求和顧慮，其中最關鍵的部分可能與他們和你的產品互動無關。我遇過最成功的產品經理不僅了解使用者如何與他們的產品互動，還了解產品如何融入使用者更廣泛的現實生活。當這些產品經理評估競爭對手的產品時，他們會問：「這個產品對我們的使用者來說意味著什麼？」而不是「我們如何實現功能平等？」我們將在第 6 章〈與使用者對話（或何謂撲克牌遊戲？）〉中進一步討論如何直接向使用者學習。

要檢視你的研究能力時，可以問自己以下幾個問題，看看你的研究技巧如何：

- 我的團隊是否每週至少與使用者或顧客直接交流一次？（這是 Teresa Torres 提出的持續探索最佳定義。）
- 我的團隊所做的每項產品決策，是否都兼顧了業務具體目標與使用者需求？
- 我的團隊是否定期使用我們的產品和競品，以求更了解使用者的需求和行為？
- 我的團隊所闡述的使用者需求和目標，真的能反映使用者的需求和具體目標，還是這只是企業希望的需求和具體目標？

## 執行

所有努力都是為了達成目標。

當然，產品經理還是得確保事情能夠順利進行。這通常意味著你要站出來做一些可能不在你職責範圍內的事情，以幫助團隊達成目標。有執行力的產品經理首先要了解他們團隊所負責的商業和用戶成果，然後不帶私人感情地把時間、資源和活動的優先順序排好，以實現這些成果。

缺乏執行力的產品經理無法將他們的日常努力與團隊工作的實際目的聯繫起來。他們會陷入大量必須完成的工作中，關注努力，而忽略成果。或者他們追求建立完美產品或衡量標準而分心，關注成果，而忽略努力。（我們將在第 10 章〈願景、使命、最終目的、策略，以及其他華而不實的詞〉中深入探討成果與產出之間的關係。）

因為重視執行力的產品經理會根據目標和成果來優先安排他們的努力，所以他們願意去做一些可能一點也不英勇或有地位的工作。例如，有執行力的產品經理會很樂意早上去買咖啡，只要那是能讓產品上市的關鍵一步。就像 Ken Norton 說的：「總是帶上甜甜圈」（*https://oreil.ly/BN9Ak*）。

當我開始擔任產品經理時，我已經做好為團隊買甜甜圈和咖啡的心理準備。但我沒想到的是，我還要多次參加那些看似超出我職責範圍的對話。在我職業生涯的某個轉折點，我被指派為「一日副總」，帶領一個與重要平台合作夥伴的關鍵談判。尷尬的是，我更在意的是沒有真正升職，而不是成功地帶領這次重要的談判。有執行力的產品經理願意為了澄清和實現組織目標而參與關鍵、高層次的對話，而不是為了個人榮譽。

以下是一些你可以用來評估自己執行力的問題：

- 我的團隊是不是先從客戶和企業的影響著手，然後評估和確定實現這個影響的多種方法，而不是從功能開始，然後事後找理由來證明它的影響？
- 在戰術性的對話和活動（例如衝刺計畫、故事撰寫等），我的團隊的具體目標和最終目的是不是始終最重要？
- 我是否按照團隊的目標和優先事項來安排自己的時間？
- 如果完成團隊需要的工作，一定會累壞我自己，我是不是會直接告訴我的經理？

綜合來看，這些核心技能對於跨行業和組織的產品管理基本活動都非常重要：研究客戶需求，完善溝通以傳達需求，組織起來確定解決方案，然後實現這些方案。

## ……談到硬技能呢？

本章講的技能可以說是「軟技能」。通常來說，軟技能是指那些難以量化、具有主觀性和人際交往性的技能。反之，「硬技能」是固定的、客觀的和可衡量的。例如，溝通和時間管理通常認為是軟技能，而軟體程式設計和統計分析則可認為是硬技能。

有時候，硬技能可說是工作的絕對必要條件，而軟技能則可看做是「加分項目」。對於某些職位，確實有一定的硬技能門檻 —— 畢竟，你不會聘用一個從未寫過一行程式碼的軟體工程師，也不會聘用一個從未修過牙科學程的牙醫。但「硬」技能和「軟」技能之間的絕對區別往往會讓兩種技能都顯得過於簡化、失衡和不公平。硬技能如程式設計需要熟練與技巧，而軟技能如溝通和時間管理可以學習、練習和評估。

然而，在產品管理方面，區分軟技能和硬技能可能尤為有害。老實說，太多人和組織根據和產品經理日常工作關聯性甚微的硬技能來聘用產品經理。我見過一些優秀的產品經理因為無法在白板上寫出演算法或寫出程式碼而無法通過面試，即使他們的日常工作根本不需要做這些事情。

對於多數軟體產品經理來說，最頭痛的「硬技能」就是技術能力。直到現在，我還經常聽到想當產品經理的人問：「我技術能力要多強才夠呢？」

在一篇名為〈Getting to "technical enough" as a product manager〉的文章中（*https://oreil.ly/9xWpa*），Lulu Cheng 明確而迅速的回答這個問題：

> 產品經理的日常職責和技術要求因行業、公司規模以及所負責的產品部分而有很大差異。同時，讓一個人成為受普遍尊重的產品經理，很少與技術專長有關。

的確，如果你正在研究一個高度技術性的產品，對你正在使用的系統具有基本知識將減輕學習曲線並讓你更快入門。但對於特定產品管理角色所需的硬技能的評估，應該從產品經理在該角色中預期要完成的具體工作開始，而不是一份通用的程式設計、資料分析和通用數字處理技能清單。

那麼，為什麼對硬技能（尤其是技術技能）的關注依然持續呢？以下是我遇到的一些神話，希望能揭示真相：

你需要硬技能才能贏得技術人員的尊重

坦白說，認為技術人員只尊重和他們有相同技能的人，這想法對技術人員簡直是侮辱。事實上，我見過有些「裝模作樣」當開發者的產品經理一開始贏得了技術同事的支持，但後來因為過度干涉細節（微型管理），反而疏遠了他們。就像我們在第 3 章會討論的，溝通技能能幫你尊重同事的專業知識和組織背景，進而學習硬技能。

你需要硬技能來挑戰技術人員

這裡確實有一點真實性：如果你完全不了解技術系統的運作，開發人員可能會告訴你，一個相對容易構建的東西實際上需要花費很長時間。但如果你的團隊在有關事物所需時間方面對你撒謊，那麼你面臨的問題就更基本了。具有出色執行能力的產品經理，能在不糾結技術細節的情況下，激勵團隊迅速完成有實質影響力的工作。

你需要具備硬實力才能保持對技術工作的興趣和投入

對同事工作不感興趣的產品經理注定會吃虧。但知識和興趣是兩回事，我發現許多技術很強的產品經理，反而對學習新事物和深入參與同事的工作最興趣缺缺。最厲害的產品經理，不論技術多強，都能夠對同事的技術工作產生真正的興趣，還能在技術工作、使用者需求和業務目標之間建立起令人信服的關聯。

你需要具備硬技能才能進行像是查詢資料庫、撰寫文件、以及小修改等工作

在很多情況下，這確實是 100% 正確的。遵循「如果需要完成，那就是你的工作」的觀念，產品經理經常會面臨到的任務是需要懂一些程式語言、版本控制系統或資料庫邏輯。例如，在一家小公司，產品經理可能會需要修改一點程式碼（例如更新網站內容），而無需開發人員的幫助。這可能需要產品經理對團隊使用的程式語言和部署程式碼的工具有一定的了解。

這裡的挑戰不是成為技術專家，而是對技術和非技術都有探索和學習能力。我看到非技術型產品經理可以在技術高度發達的組織中表現出色，因為他們以開放和好奇的態度面對技術挑戰；而在相對非技術型的組織中，因為覺得技術工作無趣或難以接近而表現不佳。最好的產品經理對技術和非技術一樣好奇。我們在第 3 章〈懷抱好奇心登場〉中會多談到這個議題。

## 總結：改變對產品管理的看法

因為產品管理是一個相對較新的學科，而且角色因組織而異，所以很容易把產品管理想成各種角色的大雜燴。然而，這種想法常常導致產品經理的履歷與他們日常工作的表現沒什麼關係（例如「懂一些程式碼的設計師」或「擁有 MBA 學位的開發人員」）。

我希望核心技能模型能夠改變對產品管理的理論看法，使其更貼近實際的日常工作。

## 你的檢查清單

- 接受產品管理的獨特性，不要試圖成為設計師、開發人員或商業分析師，也不要將這些職位所需的技能與產品管理所需的技能混為一談。
- 別忘了，要成為一位出色的溝通者並不意味著「用華麗的辭彙，並且讓人印象深刻的方式說話」。
- 明白要為自己和團隊創造清晰度，得面對許多不舒服的對話。把不適當當成可能誤導的寶貴訊號，而不是要避開或淡化的事情。
- 尋找在系統層面而非個人層面解決組織問題的機會。
- 別讓日常工作讓你跟使用者脫節。記得，你們公司在乎的跟使用者在乎的是不同的事，要堅定地為後者發聲。
- 記住，職業不分高低貴賤，要願意竭盡所能地協助團隊和組織成功。
- 根據你的團隊負責實現的成果來確定所有工作的優先順序。
- 就算你不覺得自己是「科技達人」，也別說「這不是我的專業，所以我不懂！」這種話，要相信自己的學習和成長能力。

# 3

# 懷抱好奇心登場

當我開始當產品經理時，資料科學家讓我感到非常畏懼。我從未覺得自己是「數學鬼才」，但這些人在白板寫著高深公式，說著讓我摸不著頭緒的冷笑話。在我身為產品經理的職涯第一年，我小心翼翼地觀察周圍的資料科學家，卻從來都不懂他們在做什麼，以為他們不想跟我解釋太多。畢竟，他們可是真正的天才欸。為什麼他們要浪費時間引導我這個資料科學的門外漢呢？

大約過了一年，我意識到這種做法讓我的工作變得更艱難。雖然資料科學家不屬於我的團隊，但他們可以提供很多資源，而我連要問什麼都不知道。有一次我焦慮地喝了咖啡，決定給資料科學團隊的一個成員發一封信，想問看看他是否願意跟我聊聊。電子郵件寫了簡單的內容，如下：

> 主題：要不要喝咖啡？
>
> 嗨！希望你這禮拜有好的開始。我很好奇你正在做的事情，這禮拜有空喝杯咖啡嗎？禮拜四早上可以嗎？
>
> 謝了！

我按下「傳送」，然後登出電子信箱，試圖分散自己的不安與尷尬情緒。我剛剛做了一件很怪的事嗎？

過了幾個小時，我收到了一個簡單明瞭的回覆，完全沒有我信中那過度熱情的語氣。那個週四，我們邊喝咖啡邊聊，我甚至不敢稱這是「會議」。這次的談話很愉快，發現我們彼此的一些共同興趣（我們都是喜歡 Fender Jazzmasters 的吉他手！）和一些關於合作的重要見解。原來這位資料科學家跟我一樣感到與產品團隊有隔閡。雖然不太想承認，但是這種脫節完全是我自己搞出來的。就在我以為別人對我的工作毫無興趣的同時，我卻給人一種對他們的工作也無動於衷的印象。哎喲。

在本章中，我們將討論成功產品經理態度和方法中最重要的一個層面：好奇心。

## 真誠關心

當人們問我產品經理如何取信於開發人員、資料科學家、法務專員、或任何專業高人一等的人士時，我的答案是：對他們的工作抱有真誠的興趣。無論你是剛入行第一天的菜鳥，還是在這個領域已經深耕數十年的老手。身為產品經理，說一句「我很好奇，想多了解你的工作」，這句話將是你手中最有力的武器。

展現真誠的好奇心對你做為產品經理的工作來說，可能帶來驚人且立竿見影的正面影響。以下是從開放和真誠好奇的角度與同事互動所能達成的三個關鍵目標：

深入了解硬技能在特定情境下的應用

> 無論你花多少時間去學習如資料科學或程式設計等「硬技能」，你始終比不上那些真正以此為職業的大神。與其閱讀一本關於資料科學或 Python 的書，然後上班試圖「學術化」地交談，不如向那些實際從事這些工作的人聊聊。跟這些大神學習，可以確保你掌握對你組織最重要的具體技能，同時還能增進你與技術人員的聯繫。

值得一提的是，這種方法同樣適用於非技術性的專業技能。例如，我看到這種策略對需要與金融服務公司法務專家合作的產品經理非常管用。身為產品經理，你不太可能成為法務專家，但是去了解和理解那些確實是法務專家的人，將幫助你做出更明智的決策，並與他們的團隊更緊密合作。

事先打好關係

如果你只在需要人家幫忙時才開始去跟別人打交道，沒有人會對你的聯繫感到特別高興。在你需要他們幫忙之前，先建立起與他們的關係，這樣當你需要幫忙時，這些人脈就會對你有所幫助。

擴展你的人脈

每個人都有自己的信任網絡，包括私底下聊天與需要時伸出援手幫忙的人。和組織中不同的人打好關係，你可以建立一個廣泛的人脈，或許可以帶你到意想不到的境界。

根據我的經驗，「我對你的工作很感興趣」這句話一般都不會得罪人，大部分人都會印象深刻。雖然一開始可能會有點尷尬（尤其是當第一次見面是透過視訊聊天，而不是面對面喝咖啡時），但主動安排與別人的第一次會面總是值得的。

所以，多花點時間去跟不是你團隊的成員聊聊吧。也許他們是你過去曾合作過的團隊成員，但目前並未共事。也許他們的職位你並不完全了解，但你認為他們未來可能會影響你的工作。也許他們是處在組織邊緣角落的人，在共用的 Slack 頻道提出了特別有見地的評論。聯繫這些人不會有錯，向擴大你的知識和信任網絡邁進的每一步都是正確的方向。

## 揭開企業的層層面紗
## Amelia S.
## 大型媒體公司的產品經理

當我從一家小型初創科技公司跳槽到一家大型媒體公司時，我本來預期這樣大型規模的公司在產品管理方面會表現得井井有條，但我很快發現自己好傻好天真。大公司雖然表面上看起來很嚴肅，跟新創公司不同，但這並不表示事情總是一板一眼的或是可預測的。新創公司通常會很直接地面對挑戰：「這裡出包了，我們來解決。」但是在大公司，要讓人們敞開心胸坦白地面對挑戰，可能需要花上好幾個月的時間。

要建立這種信任，會需要運用許多經典的產品經理技巧：和人家喝咖啡、喝酒、了解他們的工作苦衷。從開放的態度開始：「我是新來的，什麼都不懂。跟我說你的困擾，我們一起想辦法。」沒有任何交易、沒有條件限制，也不是「你幫我，我幫你……」的那種，一切的不抱期望。人們欣賞這種坦率。

在大公司，一部分的挑戰是高層通常不太清楚實際情況，他們都是從實際工作的人那裡得到報告。但我意識到，要想成功，我得跟編輯、設計、工程等這些公司內部的各路老江湖打好關係。他們具有我所沒有的組織知識和過去經驗。與市場行銷部門開會時，你需要有人告訴你：「事實上情況是這樣。」你需要確保有人際關係並積極運作。

**大公司產品經理的實際工作有趣的是，大多是倚賴私人管道進行的**。我原以為所有的行動都會在一個大會議室裡進行，但事實上，重要的是在正式場合之外取得人們的支持，這是我沒有預料到的。

## 培養成長心態

史丹佛大學心理學教授兼作家卡羅・德維克（Carol Dweck），對學習和成功的開創性研究提出，人們的思考方式不是「成長型」就是「固定型」。具有成長型心態的人，將失敗和挫折視為學習機會；而固定型心態的人，將失敗和挫折認為是自己不行。具有成長型心態的人能夠將新技能和主題視為成長的契機。而具有固定型心態的人會對新技能和主題感到威脅與害怕。

如果你一生中大部分時間都是過人的強者，就像許多產品經理一樣，很可能你是固定型心態。為什麼呢？因為很多厲害的人並不是努力學習技能來取得成功，而是完全避免這些不擅長的領域。他們把無法立即擅長的事物視為無用、無關緊要、甚至是有害的。以我自己為例，我在大學時避免選修任何樂理課程，因為我認為「正規培訓會使音樂失去靈魂。」但實際上，我避免這些課程是因為閱讀音樂對我來說非常困難。我寧可對我不擅長的事情找藉口自圓其說地說謊，也不願意坦承我需要提升知識與技能。

身為一名產品經理，如果你抱持著固定心態，可能不會成功。因為你需要學習的新事物實在太多了，而且你甚至自己都還不知道需要學習什麼以做為起跑點。無論你喜不喜歡，如果想要對團隊和組織盡責，就必須承認並解決自己知識和技能的局限。

例如，假設有兩位產品經理面臨相同的挑戰。他們花了好幾個月的時間，一直努力為一家大型金融機構開發新的手機產品。可是在產品快上市的前一週，法務部門來了一封信，告知他們的專案無法繼續進行。

第一位產品經理以固定思維方式運作，收到信後既尷尬又憤怒，臉都紅了。他小聲罵著：「我的團隊會恨死我的。」但他也知道，團隊以前就遇過這種事情，很可能會把責任歸咎給法務部門。隔天，他召集團隊，說：「你們猜怎麼了？法務部門又來亂了，我們過去半年的努力都白費了。」團隊崩潰了，產品最終不能上市。

第二位產品經理以成長型思維經營業務。她收到信之後，馬上就寄了電子郵件給法務部門。在一封用詞得體的信中，她禮貌地詢問法務部門為什麼不能批准這個產品。隔天，她與寫信的法務主管見面。這位沒有法律背景的產品經理，要求法務主管詳細介紹法務部門評估產品的過程。在介紹過程中，法務主管透露有一個特定的使用者互動，迫使他們不得不拒絕整個產品。產品經理提出了一個替代方案，雙方都同意了。產品於隔週上市，團隊也學到了開發新產品的重要考量。

如果你想成為成功的產品經理，你必須願意與那些在特定領域比你厲害的人合作。如果你只想成為房間裡最聰明的人，你可能無法成為一個成功的產品經理。（事實上，如果你別再執著於誰是「房間裡最聰明的人」，你反而更有可能成為一名成功的產品經理。）

## 擁抱「認錯」這個禮物

真正培養成長心態不僅意味著對未知保持開放，而且要勇於承認自己錯了。在我當產品經理的職業生涯中，讓我最感動的讚美，就是在我參加過最艱難且充滿爭議的會議之後。「你知道嗎？」一位高階主管在我們走出會議室時說，「你走進那個會議室，一開始堅持己見，但到最後，你卻願意接受截然不同的觀點。我真的很欽佩你願意讓會議室裡的其他人說服你。」

就在幾年前，這樣的評論還會讓我火大。我曾在一次與高階主管的會議中，提出我對產品的願景，但到會議結束時，我實際上是在支持別人的願景。從某種意義上說，我放棄了作為公司「產品願景家」的地位。但我也向高階主管表明，即使不是我的想法，我也願意選擇對公司最有利的方案。在我職業生涯的第一次，我收下了認錯之禮。

這並不是說產品經理應該只是順從他人的意願。要讓認錯成為禮物，你需要明確知道自己錯在哪裡，並選擇將實現這些目標的整體目標置於自己的計畫之上。如果有人提出更符合你們共同努力目標的方法，與該計畫保持一致，會讓你有機會加強整個團隊對共同目標的承諾。

## 別讓防禦心態跟著你

如果好奇心是產品經理最重要的品質，那麼好奇心的反面是什麼呢？我一直認為答案很簡單，那就是防禦心態。

在產品管理的世界裡，因為事情不明確又互相牽連，你很容易陷入防禦心態。比如說保護團隊不受老闆干涉、維護自己的決策免遭尖銳質疑、或是擔心辛苦付出沒人理解跟讚賞。

或許在我從事產品工作的過程中，最難的一個教訓就是，每當我試圖捍衛某件事情，反而最終卻害了那件事。當我試圖保護我的團隊免受老闆的擾亂時，我反而在他們的工作與企業目標之間造成了危險的鴻溝（我們將在第 5 章中更多地討論這個問題）。當我試圖捍衛我的決策免受尖銳質疑時，我反而錯過了關鍵訊息，這些訊息本可以使我的決策更上一層樓。而當我試圖捍衛自己免受同事（無論是現實還是想像中的）對我的忽視或不讚賞的感覺時，我在實際工作中的表現反而變得更糟。

在日常的產品管理工作裡，時常會碰到讓人摸不著頭緒的事，讓你不得不擺出防守架式。但別擔心，有幾招可以避免這種情況發生，讓你保持神色自若般的鎮定：

### 提供選擇，而不是爭論

遠離是非之地，陷入一場是非對決無疑會讓你處於防禦地位。然而，給利害關係人提供多種選擇，讓你有機會在不覺得自己處於「贏」或「輸」的爭論中，評估和尋求幾種不同的解決方案。有很多人說，懂得說「不」是產品管理的祕訣，但我所合作過的厲害的產品經理，從來不用說「不」，他們只是提供一系列的選擇，並幫助團隊（尤其是領導層）根據目標和目的選擇最佳方案。

### 如果你因為焦慮或防禦心態而感到必須採取行動，先寫下來，並在隔天重新思考

我們都會遇到那些「天哪！」的時刻，後悔沒能更好地處理某事、表達得更清楚，或是想到某個忘記問的問題。但由焦慮驅使的行動，往往難以解決問題，尤其當我們腎上腺素激增非常焦慮時，很難深思熟慮冷靜地安排工作優先順序。不只一次，我曾經在焦慮時發給同事緊急訊息，然後才發現到這條訊息讓我原本擔心的事情變得更糟，或者讓同事在做更重要的事情時分心了。所以在過去的一年，我養成了一個習慣，在焦慮時深呼吸，並將那些衝動行動寫下來，然後隔天早上再重新審視。大約有 90% 的時候，在經過一個晚上之後，那些行動看起來都不值得採用。

### 說：「好的，很棒」，然後再想其他辦法

有時，要遠離防禦心態，只需養成對那些容易引發防禦心態的問題或陳述說「好的，很棒」的習慣，然後再想其他辦法。這麼一來，或許能在說出「很棒」和接下來的話語之間的短暫時刻緩解緊張局勢，為你鋪出一條更輕鬆的道路。我發現這招在應對大型會議的緊張時刻特別管用。例如，有次我參加一個會議，產品經理要向一大群利害關係人介紹他的團隊工作，結果他自己團隊中的一名工程師插話說：「嗯，不好意思，我還是不太明白為什麼我們要做這個。」產品經理頓時傻眼了。他說：「好的，很棒！我會在這次展示結束後，再花點時間講解我們的優先順序標準。謝謝你提出這個問題！」這種做法不僅讓產品經理有機會阻止會議完全失控，而且還讓工程師有機會冷靜下來，整理自己的思緒，避免在公開場合上演激烈的爭執。

### 尋求幫助

遠離防禦心態最深刻且有意義的方法之一就是主動向身邊的人求助。當你向一個固執、好鬥、傲慢或在其他方面難以合作的人尋求幫助時，這種方法非常管用。我真的很驚訝地發現，只要主動向這些人請教、或是請他們幫助我解決一個困擾我的問題，我跟他們的關係就能獲得大大改善。我經常鼓勵產品經理在每週一就列出可能會破壞或誤解工作的人，然後主動與這些人聯繫，安排一對一的時間進行誠懇的交流。

即使是最有經驗且最沉著的產品經理，有時也會陷入是非辯論，或拒絕來自具有關鍵訊息的利害關係人之建議和反饋。挑戰在於你要能夠察覺自己的防禦反應，承認它們對你跟團隊都不會帶來好處，並盡最大努力讓自己重回開放和好奇的狀態。

---

**區分產品失敗與個人失敗**
**Susana Lopes**
**Onfido 產品總監**

剛從大學畢業時，我參與的第一個產品是一家快速成長初創公司的 iOS 應用程式。當時公司要求產品團隊承諾每季要交付一組功能，讓銷售團隊可以去兜售我們還沒做好的產品功能。若是無法在每季結束前完成，就意味著破壞對客戶的承諾，這是大忌。在職涯初期，我的座右銘是「我的字典裡沒有失敗這個詞」。從小，這句話就深深烙印在腦海中；每次要打開冰箱門時，我都會看到一個寫著這句話的磁鐵！而在這個職位上，對我來說，成功就是按時交付承諾的功能。

在實際操作過程中，這意味著我會逼同事關在房間裡花費好幾個小時，將幾個月的工作拆解成可以估算的小故事。隨著截止日期逼近，我開始削減範疇。為了趕進度、避免失敗，我狠心砍掉設計師的設計，讓她氣得要死。然後，在 12 月公司的祕密聖誕老人活動來臨時，我被一個祕密的聖誕禮物嚇了一跳，直接面對自己行為的殘酷現實：我的一位團隊成員送給我一個印有「獨裁者」字樣的馬克杯。

在我當產品經理已經一年多之後，有人問我是不是想接手公司的 Android 應用程式。那時，我急著想展現自己已經學到很多東西，並將那個「獨裁者」的馬克杯拋之腦後。我硬著頭皮放下了「我的字典沒有失敗這個詞」，擁抱了「快速失敗、早期失敗」。我還不清楚如何在實踐中做到這一點，但所有的思想領袖和部落格文章都認為這是打造成功產品的方法，所以我非常願意嘗試。發布計畫被目標和關鍵成果所取代。我已做好快速失敗和早期失敗的準備，並儘可能降低產品的風險。

我們不斷地推出產品，一直往上爬，每次在成功之前總是先經歷失敗，慢慢確認可用性，一切都很順利。直到有一天……數字停滯了。我們不斷嘗試不斷改進，想辦法滿足更多奇葩的使用需求，這樣我們就可以吸引更多新用戶，但一切都沒有效果。我們之前是在早期失敗，但現在我們是在後期失敗了。我們的產品簡直無法達到成長目標，我不明白為什麼。工程師很努力，他們幾乎每週都在發布新版本，而這家公司過去的習慣是每個月發布一次。設計師們已經反覆推敲，並與終端使用者交流。那一定是我的問題。我的產品失敗了。我失敗了。經歷了無數個失眠的夜晚，有一次在浴室裡哭泣，還有一次逃到教堂哭泣，即使我不信教。

我哭的原因不是因為我的產品失敗了，而是因為我覺得自己搞砸了。我的自我價值感和產品價值感是密不可分的。**我將產品失敗和個人失敗混為一談，把自己搞得焦頭爛額**。即使到現在，我負責的一些產品在推廣和成長方面仍然不如我所期望的，但我不再覺得自己是個廢物。為了跟情緒保持距離，我成了我產品最挑剔的評論家。我能詳細列出目前我負責的每一個產品在哪些方面不足。我知道即使是我所參與的最成功產品也不是完美的 —— 更重要的是，它們不是我。我的產品有其存在目的，它們在某些方面取得成功，而在其他方面失敗。這都是可以接受的。

註：本故事改編自 2019 年倫敦 Jam! 大會上一場精彩的演講，你可以在這裡觀看完整版：*https://oreil.ly/wJdgE*，誠摯推薦。

---

## 要問怎麼做，而不問為何要這樣做

在你與周圍的人共事和學習的過程中，肯定會遇到一些讓他人產生不安全感和防備心的情況。根據我的經驗，當你向某人問一個他們不懂的問題時，這種情況就特別容易發生。而當你說出既具策略意義又容易引起挑戰性反應的「為什麼」字眼時，這些戒心就更明顯了。

從某種程度上說，產品經理的工作就是要始終了解「為什麼」。然而，許多產品經理都曾痛苦地體會到，到處問別人「你為什麼要這麼做？」可能會打壞人際關係。有好幾次，我問了貌似無害的「嗯，為什麼現在要做這個？」卻得到了一個激憤的、躁動的回答，而我知道這將對我與被問者的長期關係產生負面影響。而且，或許更常見的是，我自己也會用一個躁動而迴避的回答來回應別人看似無害的「嗯，為什麼現在要做這個？」問題。

從策略角度來說，我發現將「為什麼？」這樣的問題轉變為開放且真誠的「你能教我怎麼做？」問題更有幫助。例如，與其說「你們為什麼要做那個？」我更傾向於說「好厲害唷！你能告訴我你們團隊是怎麼想出這個主意的嗎？」這樣的對話效果通常更好。這種表達方式讓提問者處於學生而非詢問者的角色。同時，它給被問者更多時間和空間提供真誠而深思熟慮的答案，即使那個答案是「嗯，老實說，我真的不知道我們是怎麼想出那個主意的」，甚至是「其實我們沒有真正想出那個主意，只是老闆交代下來。」

## 激發好奇心

好的產品經理能降低防禦心態並培養好奇心。厲害的產品經理會將好奇心轉化為團隊和組織的核心價值。真誠的好奇心具有感染力，自然地讓人們更緊密地合作、理解彼此的觀點。在一個充滿好奇心的組織中，利害關係人之間的協商會變得更和緩而不是對抗，對目標和成果的深入討論成為工作的重要部分，而不是妨礙「真正」的工作。好奇心讓一切看起來更有趣，交流變得不那麼機械化。

要傳播好奇心，首先要從自己做起。對產品經理來說，「我現在忙死了」是一句非常危險的話。如果你的同事花時間向你提問或分享想法，無論這些問題和想法看似多麼微不足道，都要鼓勵這種行為。同樣地，如果你對某位同事正在做的事情感興趣，不要對占用他們一些時間而感到抱歉，要自信地認為向同事學習的時間是值得的。當你真的需要專注在一個專案上，獨立地工作時，別說類似「我只需要一點時間獨處，這樣我才能完成一些事情」的話。記住，與同事交流的時間對你而言就是在工作。

傳播好奇心的另一個好方法是在同事之間交流知識和技能。如果你與一群設計師和開發人員共事，可以詢問他們想學習哪些其他技能。也許有設計師想學更多有關前端開發的知識，或者網頁開發人員想更深入地了解行動應用程式的使用者體驗模式。讓大家在日常工作中互相學習變得更容易。我看過一些產品經理甚至每週安排一天作為「跨職能配對日」，讓設計師和開發人員（或在不同技術系統中工作的開發人員）互相配對，明確地擴展他們的知識和技能。這樣的正式做法表明你明確地重視團隊之間的好奇心和知識分享。

最後，舉辦「展示日」跟其他讓產品團隊向大家展示成果的活動，真是讓好奇心橫掃全場的絕妙招式。我真的很意外發現，當一個團隊每週都得向同事呈現他們的成果時，他們的表現竟然變得越來越厲害，大家更拼命工作、更緊密合作，並開始對自己的工作提出自我問答，以預先猜測同事會問的問題。那種以為比如說，市場行銷的人不可能對一個高度技術性的產品感興趣的想法，可以換成這樣的問題：「我們該怎麼把這個高度技術性的產品用有趣的方式呈現給所有同事呢？」

## 摘要：好奇心是關鍵

每個組織、每個團隊和每個人都不同。作為產品經理，你的責任是要和那些技能、目標和議程完全不同的人溝通、協調和翻譯。唯一的方法是以開放、真誠和好奇的態度對待他們的工作。直接從組織內使用這些技能的人學習專業技能，比從書本或維基百科了解更有價值。事實上，你能建立的每一個開放和好奇的溝通頻道都是團隊成功的重要一步。我們將在下一章〈聊天聊到飽〉中進一步討論這個問題。

## 你的檢查清單

- 向組織中的同事伸出橄欖枝，說：「我很好奇，想多了解你所做的工作。」
- 要警惕了解你團隊之外的人，花時間了解他們的目標和動機，然後再向他們提出幫忙的需求。
- 特別要注意與你最擔心會破壞或誤解你工作的人取得聯繫。
- 培養成長型思維，向技能和知識比你專業的人學習。
- 擁抱「認錯的禮物」，選擇最符合組織目標的計畫，即使它不是你的計畫。
- 提供多種選擇，避免在意志上陷入是非之爭。
- 如果在會議或對話中感到自己有了防禦心態，先說：「好的，太棒了」然後再思考下一步。

- 如果你覺得有必要採取可能受防禦心態或焦慮驅使的行動，請將該行動寫下來，隔天再重新考慮。
- 願意客觀地看待產品的局限性，並認識到它們並非你個人的局限性。
- 考慮將「為什麼」問題重新詮釋為「你能告訴我怎麼做？」的問題。
- 避免說「我現在太忙了，無法處理這件事」等可能會阻礙團隊提出開放且好奇問題的話。
- 鼓勵同事互相學習，並配對想要了解對方技能的人。
- 組織「展示日」和其他機會，讓產品團隊與整個組織分享和討論他們的工作。

4

# 聊天聊到飽

本章的標題看似在搞笑，但對於在職的產品經理而言，卻是非常認真的。我身為產品經理所犯的最大失誤，還有我從許多其他產品經理那裡聽過的最大失誤，都是不敢公開談論政治不正確或是不太重要的問題。

有時候，事情可能看起來風險高卻又不值得一提。例如，假設你正在和團隊開會，有個開發人員提到產品的一個細節，這個細節感覺跟你和高層討論過的內容有點出入。你開始有點坐立難安。你相當確信團隊的開發人員只是說錯了。畢竟，你們團隊一直在按照和高層討論過的產品規格進行工作。無論如何，這只是一個小小的差異。現在你最不想做的事情就是暫停談話，讓自己團隊的開發人員感到尷尬，並將注意力集中在你自己可能犯的錯誤上。這只是一個微不足道的小事。沒有人會注意到的。如果這變成了大問題，那真的是太扯了！沒事的。

過了兩週，你的團隊正在展示這個產品，結果有一位高層的臉色開始變得有點臭。她皺皺鼻子，眼睛瞇起來，輕聲問道：「那是什麼？」這句話足以讓你的心臟差點停了。她搖搖頭，打斷了開發人員的簡報：「抱歉，但這看起來和我當初簽署的內容差很多。我現在滿頭問號。」你的團隊停下了腳步。大家的目光都轉向你。在你心裡暗罵了幾句之後，你告訴自己：「我曾經害怕這會出包，而現在它真的出大包了，但已經來不及了。」

對於大部分的在職產品經理來說，這種情況並非假設。它一直在上演，即使你發誓再也不讓它發生，它還是會持續上演。溝通不足的潛在風險是巨大且可怕的。過度溝通的風險，其實可能就是看幾個白眼和一些很酸的評論。既然你永遠無法確定任何情況下所需的溝通才是足夠的，那麼不如每次都做到過度溝通的程度，這樣還比較保險。

事實上，在日常工作做到全面溝通可能會變得非常困難。在現實情況下與他人溝通，會比在理論或抽象層面上談論溝通要困難得多。本章將為你提供一些策略指南，讓過度溝通成為你產品管理實務的一部分。

## 顯而易見的問題

如果產品管理也有十誡，那就是 Ben Horowitz 的〈好的產品經理／糟糕的產品經理〉（*https://oreil.ly/z3688*）。這份文件是 Horowitz 在第一次網路熱潮時期，為網景（Netscape）公司的產品經理臨時撰寫的一份培訓文件。它以簡單明瞭的方式，非常清晰地概述了當時該特定組織的產品經理日常期望，「要做哪些事，不該做哪些事」。每個公司都應該有一份像「好的產品經理／糟糕的產品經理」這樣的文件，以明確、指導性、行動指南的方式闡明工作職責，並明確指出要避免的行為。

在〈好的產品經理／糟糕的產品經理〉這篇文章中，最讓我感觸良多的是：「好的產品經理不僅會解釋一些已經顯而易見的事情，而且重視清楚的表達。但糟糕的產品經理從不清楚解釋顯而易見的事情。」

當我開始擔任產品經理時，我想知道這到底是什麼意思 —— 為什麼解釋「顯而易見」的事情很重要？答案就是，對你來說顯而易見的事情，其他人可能看不懂。事實上，其他人可能會得到完全不同的結論，而這些結論對他們來說同樣也覺得是「顯而易見」。因此，顯而易見的事情往往潛藏著災難性的溝通不良問題。

對顯而易見的事情提出質疑，可能讓人感到非常不自在。勇敢地發表意見，例如說：「為了確保我們都理解目前的計畫，當我們提到下週的【上線日期】時，目前的計畫是向大約 50 位使用者提供小型封測，以便在擴大推廣之前能先蒐集一些資料。」即使有人回應你：「是的，當然，我們都知道」，我跟你保證，至少還有一個人在心裡偷偷想：「哇，太好了，終於有人講出來了，不然我真的是一頭霧水。」

當我們關注團隊的業務和使用者目標時，提問顯而易見的問題其實好處也很顯而易見。如果事實證明大家一開始就已經達成共識，那麼我們可以在共同理解的基礎上更加自信地前進。而如果事實證明並非每個人都達成共識，我們可以在問題變得更嚴重之前，公開解決任何溝通不良的地方。

---

**在重要會議爆料令人不安的資訊**
**Julia G.**
**某中型新創公司的資深產品經理**

幾年前，我參加一場大型會議，其中參與人員大約有 50 名市場銷售同事：全數業務團隊、客戶成功團隊以及市場行銷團隊。在會議進行時，有人提到一個客戶一直想要的某個功能。我們的 CEO 大老闆在公司聊天頻道中發言，說我們最近已經推出這個功能了，鼓勵我們多多宣傳。

只是有個小插曲，這個功能確實已經在某些頻道亮相了，但是並沒有在我們討論的那個頻道上出現過。喔！這可是一個大問題：我是不是該在這個大型會議中打斷，並提醒這個剛剛由我們 CEO 讚揚的功能，其實對於那些詢問的客戶而言還沒有上架呢？

想到以前因為沒有提這些事情而吃過虧，我決定開口：「其實呢，那個功能目前還沒有對客戶公開，不過別擔心，我們已經排進 Q4 的路線圖了。」場面陷入一片沉寂，我是不是快要惹禍上身了？接著，我們 CEO 在公司聊天頻道中發了一則新消息：「好的，太棒了，謝謝妳告訴我。」

就在那一刻，我感受到了成為產品經理之後前所未有的一種安全感。最近我才剛加入這間公司，之前我一直在一些新創公司上班，這些公司的事情總是期望能在「昨天」就搞定。所以我逐漸習慣把每一個問題都聽成指責。要是有人問我，「嘿，我們有提供這個功能嗎？」我就會聽成：「為什麼我們還沒有提供這個功能呢？」我總是想做到超前部署，所以甚至如果有人問了一個問題，我都覺得自己已經輸了。在大型會議中告訴 CEO 大老闆有一個功能還沒有準備就緒，這簡直就是不要命了。但他的回應讓我感到受到信任與充分授權。

**過去我常這樣想：「如果我告訴別人這需要投入很長時間，或者這不是當務之急，他們會認為我辦不到。」現在，我會提前告訴人們實情，而不是他們想聽到的。**我不確定這其中有多少是作為產品經理自然成熟的表現，有多少是因為在一個大家都很細心並相互扶持的環境中工作。但我覺得，即使我發現自己在一個不夠細心和支持的地方，我也會帶著這種新的自信。這可能會讓人不舒服，但最終，它讓我更有影響力。

---

## 不要逃避，直球對決

在幾年前的某個星期四晚上 9 點，我突然收到我的經理發來的一則訊息。內容是：「嘿，如果我們今晚能把那個新版的 iPhone 應用程式提交到 App Store 就太好了！」

我感到很困惑。這件事是急事嗎？還是只是個臨時想到的小建議？有人要求我立刻行動嗎？還是只是想讓我知道他有好點子？

在大多數情況下，我可能會把自己當作「產品犧牲者」，不情願地提交應用程式，然後熱情地回覆「當然，沒問題！」

但這次，我剛好在一場音樂會上，離我的電腦有一個小時的路程。（是的，我在音樂會上看手機，這真是太不應該了。）無法回到我平常操勞的工作環境，所以我走出去打電話給經理。

「嘿，真的很抱歉，但我現在正在一場音樂會上。不過，如果你需要我回家提交這個應用程式，絕對沒問題。」

電話那頭猶豫了一下。

「哦，呃，我的意思是，如果今晚能把它上架到商店裡就太好了！」停頓了一下。「但如果你在聽音樂會……那就……別擔心了，明天早上再說吧。」

我開心地說：「好的，謝謝。」隨即感受到一股強烈的不安感。我是不是跨越了工作與生活平衡的某個無形界線？我是不是為了自己的私利而做了對公司不利的事情？我是不是應該懷疑自己是一個可怕、自私的人？

隔天早上，我準備好接受懲罰。但經理似乎一派輕鬆。「哦，是啊，我昨晚覺得立刻提交應用程式會更好，但是今天提交也沒關係，這對最終時程影響不大。」

我用跟以往不同的方式直接跟經理說了：「好的，我能請你幫個忙嗎？如果你以後真的要求我馬上做某件事情時，能不能講清楚呢？在我收到你的訊息時，很難判斷情況是有多緊急。如果你確實急需我的協助，我會竭盡所能地確保事情可以完成。但如果只是『方便的話』再去做，能不能請你更明確的表達清楚呢？」

在大約 10 秒內，我為自己這麼直接而感到洋洋得意。然後我意識到，我對同事提出的大部分請求也一樣是「如果能這樣就太好了……」或者「嘿！你覺得你可不可以，也許，可能……」或者「嘿！天氣不錯，你喜歡吃三明治嗎？我超愛三明治的，其實，我只是想知道你是否有時間去做……」這樣的開場白。

產品經理通常沒有組織的直接管轄權，因此，他們可能會用盡一切「友善」的方式提出請求，尤其是那些需要加班推出產品或重做已完成工作的請求。然而，對於你要求的內容（以及你是否在提出要求）含糊其辭並不是友善的做法。因為這就是推卸責任，是一種試圖在不當「壞人」的情況下，達成你想要結果的被動攻擊手法。

產品經理很容易出現任何形式的推卸責任、過度道歉和自我貶低。但這對你和你的團隊都是有害的，甚至可能帶來危險。多年來，我一直用自我貶低的方式逃避別人對我的抱怨。當我向團隊提出緊迫的截止日期或新工作要求時，我常常會說：「我猜產品經理又來給大家壓一個刺激的截止日囉！」這似乎是一種緩解緊張氣氛並展示我是「團隊一員」的好方法。而且大部分時候，它至少會讓人會心一笑。

然而，這種行為對團隊的長期影響並不是好事，也不有趣。透過自我貶低來保護自己的感受，我完全無法向團隊解釋我為什麼要求他們趕緊完工，或是重新審視他們認為已經完成的事。我的目標不是讓團隊對我們的目的達成共識，而是盡快結束對話。不管是有意還是無意的，我傳達出的訊息都讓人覺得我要求的工作是沒有意義的。因為要是我願意承擔解釋工作重要性的責任，我就得當那個向團隊提出要求的人。但實際上，那個向團隊提要求的人並不討喜。所以，為了避免被討厭，我選擇不解釋工作的意義，反而讓人覺得這個工作沒什麼重要性。

身為產品經理，有時候你得要求別人做一些他們不想做的事情。如果這些事情對團隊的成功至關重要，請幫助團隊了解其中的原因，並一起確定哪些其他任務可以降低優先權。如果這些事對團隊的成功並不重要，那麼問問自己，你是不是有深思熟慮地分配團隊時間，還是對所有看似有點重要的事情都隨便答應？

## 不是所有事情都是你的錯，結果比意圖更重要

經常有人建議，產品經理要對團隊出現的任何問題承擔完全且明確的責任。我剛開始進入職場時就聽過這樣的建議：「如果出了問題，那肯定就是你的錯 —— 不管事實上是否真的是你的錯。」

我將這些建議牢記在心，開始擁抱我的產品犧牲精神。有趣的是，這讓我感到如釋重負。如果團隊出現問題，我可以簡單地說：「對，都是我的錯，我就爛！」然後繼續過我自己的日子。這比發起促成一場關於團隊如何帶來次佳結果，以及未來該怎麼做，才能實現更好成果的坦率對話要簡單多了。

沒錯，身為產品經理，你終究要為團隊交付的成果負責。但這不是你可以獨自扛下的責任。如果你把所有出錯的事情都當作自己的失敗，那你就剝奪了團隊學習和成長的機會。沒有什麼比把自己當作團隊所有失誤的唯一承擔者，而不是跟團隊一起合作解決可能會造成失誤的制度性問題，更違背讓自己變得多餘的原則了。

解決制度性挑戰與個人指責之間的界限可能非常微妙。這幾年來，我經常聽到「假設積極意圖」這個用來強化這條界限的原則，讓困難的對話去個人化。確實，比起「即使你真心認為不是你的錯，但仍然承擔責任」，「假設積極意圖」是個更健康的原則。

然而，隨著「假設積極意圖」這個概念越來越普及，它也暴露了一些局限性。在過去一年，我不幸聽到不少這樣的話，這句話被用來當作消極挑釁，挑戰原本應促進對話的場景：「你好意思暗

示我團隊有問題？你難道不知道我已經盡力了嗎？所謂的『假設積極意圖』在哪裡？」

正如 Rube Goldberg 那台預測與延遲的惡夢般情緒化的機器所表明的那樣，專注於「意圖」的想法可能會將我們帶入奇怪而陰暗的情感領域。無論好壞，心存善念的人有時也會造成傷害，而心懷不軌的人偶爾也會做出牽老婆婆過馬路這樣的好事。總而言之，我認為將對話聚焦在討論結果而非意圖上會更有幫助。

在實務上，這通常意味著以「這種情況是否達到了預期結果？」來調解有關人際關係或團隊層面挑戰的對話。例如，當一位產品經理因為他們在工程部門的夥伴覺得被排擠在決策過程之外而感到沮喪時（這在跨職能產品團隊中是很常見的現象），我已經養成了習慣詢問「這種情況的預期結果是將工程經理排除在決策過程之外嗎？」如果答案是「對啊，我沒有空讓他們參與」，或者甚至是「對啊，我不信任他們能參與我們團隊的決策過程」，那麼我們可以從這裡開始聊起。而如果答案是「不是，我已經竭盡所能地讓大家參與，我不知道為什麼他們會覺得被排擠」，那麼產品經理可以與他們的工程夥伴展開後續對話，了解發生了什麼事，然後在下次努力實現更好的結果。

如果我們跳出小角落，把自己放在整個大局來觀察，會發現「意圖」其實不是那麼重要。我們的工作是改進「系統」，希望為業務和用戶帶來持續獲益。當面對同事的挫折或受傷的情感時，我發現以下的回應還滿有用的：「好的，謝謝你和我分享這個。這聽起來沒有達到預期結果。我們未來該如何調整，讓事情有更好的結果呢？」這種從情感轉向結果的轉變，能讓原本可能演變成消極挑釁的指責（或者毫不掩飾的產品犧牲主義）對話重回正軌。

## 別再自我貶低了
## M.L.
## 產品經理，100 人新創公司

我永遠不會忘記那一刻，當我意識到自我貶低已經不再是我處理產品管理的合理方式。當時我手上有一個極具挑戰性的專案，已經做了一個多月，需要大家熬夜趕工和不斷臨時修改。我對讓我的團隊經歷這一切感到滿滿的愧疚，並盡力透過不斷地道歉、極度自我貶低的話來緩解緊張局勢，例如「我知道，我知道，我就爛！」以及「對啊，這都是我的錯，你們真的很棒，幫我清理我造成的混亂。」

然後，突然間，我收到了團隊中一位開發人員的郵件，讓我感到訝異。他擔心我談論自己工作的方式。他想知道，我真的覺得自己的工作能力那麼糟糕嗎？我真的認為自己一無是處嗎？他做了什麼讓我覺得團隊不重視我的貢獻？

在開始回應之前，我突然醒悟：我並不是真的認為自己一無是處，也不認為發生的一切都是我的錯。在不自覺的情況下，我用貶低自己的方式來隱晦地表達「別對我交代的事情有所質疑」。身為一名產品經理，我還不夠自信成熟，無法跟團隊坦誠地討論為何需要熬夜工作、為何要重新做已完成的事。更別說跟公司高層針對熬夜和臨時更改所帶來的弊端和取捨展開坦率對話了。對我來說，對高層說「好吧，你們怎麼說都行」，然後告訴我的團隊「抱歉，我太糟糕了」相對比較容易些。

為了改變這種行為，我一直在用一個思考練習。當我想要自我貶低時，我會問自己：「如果團隊裡的人打斷我說，『嘿，不必那樣。你做得很好，我們尊重你的意見』，我會覺得安心還是心煩？」若答案是「安心」，那我就會試著和團隊坦誠以對，看看是不是有其他潛在問題讓我對自己的工作信心不足。若答案是「心煩」，那我就會問自己，究竟是想透過自我貶低來逃避哪些棘手問題或對話，並試著鼓起勇氣主動把這個問題或對話帶給我的團隊。

> **經歷幾年遠離自卑的修練後，我發現自己更能與團隊開誠布公地聊天，一起探討事實真相和我們能做的事。**面對更有挑戰性的問題，例如「我們為何要這麼做」或「我如何做出某個決定」，確實讓我有些緊張。不過，回答這些問題的過程讓我成為更出色的產品經理，也希望變得不那麼敏感。

## 產品管理中最危險的一句話：「看起來不錯」

剛踏入產品管理生涯時，我真心以為只要獲得權威人士的「批准」就能遠離麻煩。在敲定團隊的季度路線圖之前，我會確保公司領導層已在會議中看過。在將設計草圖變成軟體之前，我會把這些草圖發送給可能對產品外觀和感覺特別有意見的利害關係人看看。雖然我表面上是在徵求這些利害關係人的意見，但實際上我在尋求的只是一個簡單的認可、一個令我安心的選項，以防後來事情出了差錯時可以自保。

通常這種認可會用簡單且消極的回應表示，比如「收到」或「感謝提供」。事實上，那正是我所需要和想要的。我以為，如果後來有人對我們團隊的工作提出異議，我可以把那個「收到」甩鍋回他們的臉上，洗刷冤屈、獲得勝利，告訴他們：「我一個月前就給你看了，你當時沒意見，所以現在你不能改變它！」

我很快發現「不能反悔」並不是一個具有約束力的公司政策。正如我們將在第 5 章討論的，那些利害關係人（尤其是高階主管）都非常忙碌，而在會議中的示意點頭或回個「收到，謝謝」的電子郵件，並不等於他們有在聽並支持你的觀點，更不用說真正投入討論了。在產品管理的世界裡，除了肯定和具體的支持之外，任何事物都是極具危險性的。而「看起來不錯」這句話就是典型的濫好人、模糊其辭、毫無幫助的回應。

最厲害的產品經理就是會讓別人幾乎無法回應「看起來不錯」。他們總是喜歡問一些開放式問題，即使這些問題有時令人尷尬與緊張。正如我們在第 3 章討論的，他們會提供選擇而不是爭論，讓那些利害關係人積極參與，而不是隨意點頭或回個簡單的電子郵件。

我發現，在任何要求回覆或認可的會議或電子郵件中，至少加上一個有意義的選擇或開放式問題很有用處。一封寫著「附件是下一季的路線圖，如有問題請告知」的郵件，或許看似透明且具有合作性，但在你真正按照那份路線圖進行交付時，它無法保護你免受質問「這是什麼，為什麼我之前沒見過？」反之，一封寫著「附件是下一季的路線圖，如你所見，我們正在考慮兩種不同的選擇供第 6 至 8 個 sprint（衝刺）使用。請在週五結束前告訴我們，你認為哪個選擇更符合你團隊的目標？」這樣的電子郵件比較有可能得到積極的回應。（我們將在第 13 章〈在家嘗試：遠端工作的考驗與磨難〉，討論透過電子郵件和聊天發送具體且有時限請求的重要性。）

## 巧妙應對「看起來不錯」：不同意但承諾

在與多個利害關係人開會時，「看起來還不錯」這個觀點變得越來越吸引人、也越來難以抗拒。在一對一的談話中，跟一個人的觀點意見不合已經很尷尬了，在一次十個人的會議中，要一次反對十個人可能會尷尬到不行。除非你願意付出艱辛的努力，扛住這條路徑的阻礙，不然「看起來還不錯」將永遠是最省事的選擇。

感謝英特爾公司的聰明人開創了一種名為「不同意但承諾」的技巧，就是為了解決這個問題。不同意但承諾的理念非常簡單：在團隊討論中所做出的結論，大家都必須積極配合，而過程要提出問題、關注、以及提出不同看法，不然這些問題就會被忽略了。

舉例來說，讓我們想像有兩個不同的會議，目的都是決定一個新功能應該包含在免費或是付費版本。第一個會議遵循傳統的沉默共識規則：如果每個人都同意（或至少沒有人反對），決定就出爐，然後你就可以繼續前進。身為團隊中建立這個功能的產品經理，你的任務是向大約十位主管級利害關係人陳述你的立場。在仔細地介紹競爭分析、用戶預測和營收目標之後，你最後強烈建議將這個功能放在免費版。「有人有任何問題嗎？這聽起來還不錯吧？」有些人點頭，但大多數人保持沉默。你鬆了一口氣。心想「好的，搞定了！」

你的團隊立即回到工作崗位，開始實作一個令人興奮的新免費功能。技術細節經過協商、撰寫了行銷文案，一切似乎進展順利。可是在會議結束的兩週之後，那位原本支持你的主管來信說：「抱歉，我們要暫停開發這個功能，定價還有一些問題要解決。」等等，什麼？不是大家都同意了嗎？你克制著憤怒趕緊回信：「感謝回信，抱歉，我有點困惑 —— 我以為我們都同意這是免費的功能？」幾個小時後，你收到回信：「是的，營收副總正在重新評估定價策略，目前不確定再推出一個免費功能是否合適。下週我會給你更多消息。」

你搖搖頭並深深地嘆了口氣。現在你必須回到團隊，告訴他們公司的整個定價策略處於變動狀態，而且由於這個原因，他們辛勤工作了兩週的成果現在處於懸而未決的情況。你知道這對團隊的士氣跟時間表都將造成很大打擊，但此時除了希望、等待和發洩，你也沒辦法做什麼。

現在，讓我們想想如果遵循「不同意但承諾」規則的第二次會議：大家決定前得給出具體、肯定的承諾，有疑問或異議要提前說。在深入分析競爭對手、使用預測和營收目標之後，你強烈建議將功能包含在免費版本。「好的，」你告訴在場的利害關係人，「這次我們將嘗試一些有點不同的方式。這對團隊來說是一個重大決定，我想確保我們已經了解了你們提供的所有資訊。所以我會逐一詢問你們，如果你們同意按照我們概述的方式前進，請說『我承諾』。如果你無法承諾，告訴我原因，然後我們再想辦法。」

你轉頭對產品營銷總監說：「你承諾讓我們把這個功能做成免費的嗎？」他們似乎有些愣住，趕緊嘟囔著說：「嗯，當然，是啊，我保證。」「好的，太好了！」你說，停頓一下後接著說：「不過啊，這裡的目標是把問題都攤開來，好讓我們做最正確的決定。如果你不確定，也不用勉強答應啦！」一陣尷尬的笑聲，他們再次回答：「哈哈，不，謝謝你，是啦，我保證！我覺得這很合理。」

然後你繼續問營收運營總監。一開始，他們好像有點猶豫。「其實呢，」他們說，「我現在不能確定要不要保證。我們的營收副總正在檢討定價策略，所以在弄清楚前，我不想給你一個明確的答覆。」你停頓了一下。「好唷，很感謝你的回答。你覺得我們什麼時候能對這事有更多了解？」他們回答：「嗯，下週我再告訴你吧。」

接下來的一週，你跟營收團隊談了好幾次，更加了解公司定價策略的改變和原因。同時，你的團隊繼續做跟定價無關的事。過了不久，你召集了原本開會的利害關係人，有了營收運營總監的全力支持，解釋公司的定價策略朝著在付費層加入更多功能的方向走。雖然來來回回討論挺煩人的，但你對於能在團隊和相關利害關係人面前應付這變化感到滿意。

正如這個例子所說明的，「不同意但承諾」並不能解決組織內可能發生的所有分歧和溝通問題，但它可以讓這些問題更快、更有效地浮出檯面。

要怎麼在你的團隊和組織運用「不同意但承諾」這樣的好方法，還是要視情況而定，可以試試看以下的建議：

### 在使用之前，先介紹「不同意但承諾」的概念

因為「不同意並承諾」是一個正式的最佳實務，並且得到了像英特爾和亞馬遜等公司的支持，你可以將它作為一個經過協商的程序來介紹。這點很重要，因為這樣一來，大家就不會覺得你只是針對團隊裡特別不願意承諾的成員實施「不同意但承諾」，並當作一種被動攻擊的批評手段了。

### 將沉默解讀為不同意

在大多數會議中，沉默會解讀為默許。當有人提出方向，問大家「有問題嗎？」為結尾，如果沒有人回應，這就意味著已經達成共識。但是在「不同意但承諾」的情況下，只有明確的承諾才會接受，這也就意味著沉默代表不同意。與會者必須非常清楚：「如果你保持沉默，我就會認為你不同意我的觀點。大家輪流分享自己的想法和擔憂吧。」第一次嘗試時，可能會是你產品管理生涯中最尷尬的其中一個時間點，但你會驚訝原來那些最安靜的人所帶來的見解。

### 在大型會議試水溫

在大型會議上，尤其是透過視訊的大型會議，我發現有一個好招可以常常讓會議快速結束，例如：「所有支持這個方法的人，可以給我一個讚嗎？」即使只有一兩個人回應，這也給了你一個機會深入了解，同時顯示不同的意見都會受到重視。

### 設定目標、測試與學習

如果大家都不願意承諾那怎麼辦？其實這也是好事啦。這表示在場的人都很積極，不會隨便承諾他們認為是錯誤的事情。一個推進對話的方式，就是設立成功的標準，並安排之後再重新審查決策。這樣你就可以驗證選擇的方法是否可行，然後適時調整。

例如，假設你在跟工程團隊開會，大家對於產品開發週期應該是兩週還是六週的意見不同。不要強迫大家達成共識，你可以提議：「不然我們先承諾嘗試兩週的開發週期，然後一個月後再回來，檢視這個決定是否有助於實現團隊目標，還是要再嘗試其他方法？」這樣可以確保有個結果，還能讓大家共同承擔責任，檢視成效並調整前面的方向。

千萬別誤解這個觀念，並說：「嗯，你同不同意都沒有關係，因為我們要做的就是不同意但要承諾！」

我真的不敢相信我得寫這段，但在有些情況，人們已經將「不同意但承諾」的概念搞得非常荒謬，直接對同事大喊「你同不同意都無所謂 —— 因為我們要做的就是不同意但承諾」。請別忘了，「不同意但承諾」的目的就是為了找出那些可能被忽略的疑慮、擔憂和問題。如果你使用「不同意但承諾」時是透過責罵潛在的反對者來迫使他們屈服，那麼你就弄錯了。

---

### 使用不同意但承諾來找出更好的解決方案
### J.A.
### 產品管理顧問

我之前在加州的一家小型諮商公司工作，這間公司專門為媒體集團做產品。有次我們正在開會討論內部流程，問到如何處理客戶在下班時間傳來的電子郵件時，結果很明顯地，團隊的氣氛緊張了起來，大家在問題提出時都安靜了下來。

最後，公司中一位老鳥開口說：「回應客戶的時間很關鍵，所以如果你碰巧看到這封電子郵件，就應該馬上回覆。」有人問：「但如果同時有兩個人都在處理這封信呢？」第三人自告奮勇地提出：「也許我們可以這樣做，如果你在下班後收到一封信，並打算回覆，先發個 Slack 訊息通知其他人，告訴他們你已經看過信了，然後再回覆

> 客戶。」在會議桌周邊的幾個人點頭。這樣大家就達成了一個共識，我們有了前進的方向。
>
> 但是桌子周圍的臉色仍然緊繃，有些人仍然沉默地可疑。剛好我學到了「不同意但承諾」的方法，覺得這似乎是一個試試的好機會。我告訴會議上的每個人，他們需要積極地對這個方法表示承諾，如果他們保持沉默，我會認為他們不同意這種方法。當我們繞著桌子走時，大多數人都表示承諾：「好啊，我願意試試這個方法，看看會怎樣。」但是有一個人呢，在會議的大部分時間都悶不吭聲的，他主動開口說了：「是啊，我的意思是，這個方法聽起來還不錯 ... 但是我不明白為什麼我們一定要在那天晚上回覆客戶的信呢？當客戶晚上寄信給我時，我會在隔天早上再回覆他們。久而久之，這些客戶也會慢慢地改變他們的習慣。他們會一上班時就寫信過來，這樣事情反而容易處理許多，我也不用趕著回信。」
>
> 當時房間裡的氛圍劇烈轉變，就像吹開了一扇窗戶一樣。原本對上個方法冷淡的人，開始分享自己在深夜回信出包、草率做出糟糕決定、因客戶需求不明而搞砸了晚餐計畫的故事。**整個團隊都熱情地承諾要採用新的做法，如果不是採取「不同意但承諾」的做法，這條路根本不會出現。**

---

## 認識不同的溝通風格

對許多產品經理來說，溝通多到爆表是非常自然而然的 —— 這也是他們一開始對產品管理非常感興趣的其中一個原因。從這個角度看，那些不太喜歡提問、不想在會議中發言、或不願意提供詳細書面回應的人，往往看起來像是「糟糕」的溝通者。

在我的產品經理生涯中，我總是對那些不喜歡大篇幅書面溝通，或是在會議上「即興演出」的人感到無奈。（對於那些讀到最後一句話並想說「這兩件事聽起來都很糟糕」的朋友，我看到了，也感謝你們。）我花了很長時間才意識到，這並不是「良好溝通」與「溝通不良」之間的問題，而是反映了你在職業生涯中可能遇到的各種不同的溝通風格。

身為一名產品經理，你必須記住，並不是每個人都會與你的溝通風格相同。對那些一開始可能讓你覺得是糟糕的溝通者保持開放和好奇的態度。以下是我經常遇到的幾種普遍的溝通風格，希望能幫助你從理解和同理心的角度出發：

視覺型溝通者

有些人只有在看到視覺化呈現後才能理解概念。身為一個主要使用文字溝通的人，我花了很長時間才接受這一點。當我精心構思的訊息遇到一臉茫然的眼神時，我常常感到挫折，並發現自己只能使用更多的文字解釋。如果你不是視覺型溝通者，團隊中的視覺型溝通者可以透過快速畫個草圖或視覺原型來呈現你的想法，讓你有個很好的機會去檢視和集中自己的思考。

非即時溝通者

在很多場合，有人在會後找我，因為他們覺得我在試圖讓他們參與對話時讓他們感到尷尬。起初，我把這當作一種幼稚的防禦心態。但我逐漸接受了有些人需要在談論之前先思考事情。只要有可能，提前告知團隊中的非即時溝通者，讓他們在分享想法之前有時間思考特定的問題或挑戰。同時確保如果要求他們在會議中發言或展示，他們會提前收到通知。

避免對抗型溝通者

在產品管理的日常工作中，收到一個簡單的「好啊」或「看起來不賴」的回答，會讓人感覺像是收到珍貴禮物那樣的正面鼓勵。然而，這些鼓勵性的回答不總是針對問題進行全面和細緻的評估。身為產品經理，將清晰度放在舒適度之上是你工作的一部分，但別人不一定如此，這也不是他們的傾向。如果你需要從一個總是回答「好啊」的人那裡得到寶貴意見，請以一種

> 無法以「是」或「否」的回答來尋求意見。跟著對方的節奏，以更有條理、更開放的方式徵詢意見，也許會幫助你從組織中的每個人那裡獲得更好的寶貴建議。

越了解團隊人員，並欣賞他們的個人溝通風格，就越能促進你的團隊和組織的溝通。我發現，了解某人的溝通風格最簡單的方法通常是觀察他們向你表達事情的方式。人們通常以他們最容易吸收資訊的方式傳達訊息，而你可以用迎合他們的方式來處理好人際關係。

## 溝通是你的職責，不要因為履行職責而道歉

有效的產品管理需要向各式各樣的人詢問許多問題，這可能讓產品經理覺得自己像個討厭鬼，把大家從「真正的工作」裡打斷，讓他們參加一場又一場的會議，或者回答一封又一封的電子郵件。在我剛當產品經理的時候，我竭盡全力向同事保證，我會盡一切努力確保讓他們少參加會議。當我確實需要安排會議時，我把會議視為必要之惡，而不是團隊共同解決重要問題的好機會。

過了很久我才恍然大悟，原來我自己搞了一個自找麻煩的局面：每次開會都讓我的團隊覺得是浪費時間，結果變成真的在浪費時間了。Patrick Lencioni 在他的書《開會開到死》（Death by Meeting，Jossey-Bass）中，對會議提出了一個很好的觀點：如果人們帶著不對的心態來參加會議，再怎麼調整都不太可能變好。對於電子郵件和其他形式的非同步通訊也是如此。如果你讓你的同事認為你的電子郵件很煩人，他們就會把你的電子郵件當作煩人的事情。如果你抱怨收到太多郵件而感到「不堪重負」，你的同事可能會考慮很久才能決定要不要把你加入一些對團隊成功的關鍵對話群。

如果你的團隊覺得在開會就是在瞎忙，請詢問他們最近參加過哪些令人耳目一新、效率絕佳的會議，然後共同制定一個清晰且可

實現的「好會議」目標。如果你的團隊被電子郵件或聊天訊息淹沒，請與他們一起設定更清晰的通訊管道期望（第 13 章會更深入地討論此問題）。不要低估團隊相互溝通的時間價值，要確保可以充分利用這些時間。

---

**了解團隊的目標和動機的大局**

**A.G.**

**產品經理，500 人出版公司**

年輕時，我經常對那些我認為那些不在乎事情是否做對的人感到無奈，通常是公司其他部門的人。我認為他們不是傻瓜，就是混蛋，把權力當成好玩的遊戲。如果那些在工作時還在玩權力鬥爭的人願意聽我的建議，那就是：把別人當作聰明人，並認為人家都是出於好意的。這並不是什麼溫情的口號，而是一種實用的策略，可以幫助你在產品經理職位上生存和成長茁壯。

當我在一間出版公司打拚時，我負責開發一款依賴大量內容的產品。然而，內容部門的副總卻設法限制我們可以使用的內容。我很火大，心想「這就是一個令人作嘔的權力遊戲，他應該為此感到丟臉才對。」我的經理非常明智地建議我去和副總談談。我照做了（平靜地，出乎意料地），他給我解釋了取得內容的實際運作方式。如果他給了我想要的，很可能會得罪我們的內容合作夥伴，甚至會讓他們倒閉。他是在保護他的人脈和來源的長期生存能力，哎呀。

他不是壞蛋，也不笨。我雖然還是不同意他的決定，但我能理解他為什麼做出這個決定，我不必生氣。他的目標和客戶跟我不同，這是一次非常令人謙卑的經歷。

從那時起，我在許多其他行業工作過 —— 零售、社交媒體、食品和飲料 —— 這種情況一再出現。企業的其他部門通常會為不同的事情而優化：不同的目標和不同的客戶。

我知道產品經理經常被告知要與直接團隊密切合作，但在某些方面，了解企業其他部門的人更為重要。和你的團隊一起，你仍然有相同的目標和日常擔憂。但是，你可能與企業的另一部分完全相左，甚至都不知道。你可能在考慮最終用戶的需求，卻沒有意識到與供應商和合作夥伴的關係對維持企業運行的重要性。

其實身為產品經理，搞懂這一切正是你的本分。你的角色本身就是跨領域的，但其他人的角色不是。你就是被找來擔任溝通橋梁的，其他人被聘用可能是因為他們擅長數學或與供應商建立良好的關係。**溝通是你的工作，你不能期望其他人都擅長溝通**。我最喜歡的兩個問題是「你的目標是什麼？」和「你為什麼做最佳化？」我經常真心地使用這些問題，我的產品經理生活（以及非產品經理生活！）因此變得更美好了。

---

## 實務中常見的過度溝通情形：產品經理的三種常見溝通情境

即使產品經理可能會跟許多不同的人在各種場合溝通，但有一些場景總是經常出現。本節將探討產品經理的三個常見溝通場景，以及你可能如何應對每個場景。閱讀每個場景的設定後，花點時間思考你會如何應對。這將幫助你根據你所在組織的具體情況來調整這些建議，以適應節奏、個性和所涉及的問題。

### 情境一

**客戶經理：**我們必須在兩週內做出這個功能，否則將失去最大的客戶。

**開發人員：**如果我們想開發一個即使是稍微穩定和高效的功能，至少也都需要六個月的時間。（圖 4-1）

**圖 4-1**　緊急請求遇到技術阻力

## 到底發生什麼事

這是一個經典且常見的利益不一致案例。客戶經理的工作就是留住客戶，而開發人員的工作則是開發讓人好上手、沒有漏洞，且不需要靠著膠帶和線條維持的軟體。客戶經理不關心軟體的運作。而開發人員也不用管客戶是不是會跑單，如果有的話，少了一個不合理的客戶就表示少了一堆緊急需求。客戶經理和開發人員都在為自己的短期目標辯護。

## 你可能會做什麼

在這裡，客戶經理和開發人員的立場都存在著多種假設。這個客戶是否真的需要這個精確的功能？如果我們不做出來，我們真的會失去這個客戶嗎？開發人員是否完全理解客戶的需求，還是她提出六個月的時間表只是想讓人知難而退呢？與其討論客戶經理要求的特定功能，不如深入了解客戶所面臨的根本問題。讓客戶經理成為更能了解客戶需求的合作夥伴，讓開發人員成為探索可能解決方案的合作夥伴。你可能會發現，根本不需要任何新功能，只需要與客戶聊聊天，幫助客戶好好理解既有的功能就好了。

## 需要避免的模式與陷阱

### 好的，讓我們決定是要兩週還是六個月

兩週和六個月可能根本只是隨便訂的時間範圍。客戶經理說「兩週」可能只是表示「很快做出來」，而開發人員可能反駁說「六個月」是表示「我不想做這個」。為了避免錯誤的選擇，我們直接探討問題的核心。

### 是的，我同意我們需要在兩週內解決這個問題。我也同意這個軟體需要高效能與穩定性

不要試圖兩面討好！這根本不可行。而且有可能會升級到更注重目標的對話，而身為產品經理，你的工作就是推動這樣的對話。最好的情況是：你會找出一個解決方案，只需要不到兩週的時間，而且把效能和穩定性的問題降到最少。保持對話的開放和探索性，但不要試圖說人家想聽的話來快速得分。

### 我們的計畫流程是每兩週進行一次，我們已經排滿了。稍後再來找我

如果你是在真正的固定迭代世界中工作，通常會想盡辦法避免這種臨時添加的工作。堅守護欄的原因是正當的。但是，好的理由通常無法阻止提出這些請求，而且我發現更有效的方法是設置一個評估和排序的流程，而不是將它們完全拒之門外。（我們將在第 12 章〈優先排序：一切匯聚之處〉中更深入討論這個問題。）

## 情境二

**設計師：**這個設計有四個不同版本，你最喜歡哪一個？（圖 4-2）

**圖 4-2** 提供多個選項的設計師

### 到底發生什麼事

設計師設計了四個版本，他認為這些版本都同樣適合專案的目標，但存在著主觀差異（例如顏色選擇），而他沒有強烈的看法。或者，設計師可能不清楚專案的目標，而是試圖透過讓你選擇來推卸責任。或者，設計師可能有一個他真心希望你選擇的方法，並且已經做了幾個「假選項」來製造一個可選擇的錯覺。

### 你可能會做什麼

這是個展現你信任設計師的機會，可以問他哪個選項最符合專案目標。如果他認為某個選擇明顯比較好，這會促使他從目標的角度思考這個選擇，而不是只看個人喜好。如果他沒有強烈的偏好，這可能會讓你們兩人討論專案目標是不是夠清楚。如果有多個選項看起來同樣可行，你可以與設計師討論怎麼測試這些選項，找出哪個最符合專案目標。畢竟，團隊的人雖然可能有不同的意見，但你們應該始終有共同的目標。

## 需要避免的模式與陷阱

*我喜歡 B 選項，我們就選它吧！*

這是一個簡單而誘人的回答。畢竟，設計師問你的意見。有時問題真的就是這麼簡單：設計師其實無所謂，只是想讓你在幾個主觀變化中做出選擇。但你最好深入探究，不要只依個人喜好就草率決定，要有其他明確的理由。

*把這四個選擇都拿給整個團隊看，看看他們怎麼想！*

很久以前，我就是這樣做的，直到有個細心的 UX 設計師告訴我，我的「委員會設計」讓視覺設計師差點辭職。沒有什麼比一大群人對你擅長的工作指指點點更讓人受不了的。

*我不在乎。你隨便選一個吧*

很少有人會把同一件事情做四次，除非有原因。不要拒絕參與，而忽視這種努力、以及可能引發潛在的更深層問題。

## ……還有個額外的問題

如果設計師只給了我一個選擇，我該怎麼辦？

避免立即進入批評的誘惑，即使這感覺像是一種慷慨的評論。而是請設計師帶你了解他是如何設計這個作品的。這將給你一個機會，進一步了解設計師如何理解該專案的整體目標，並可能找出一些微妙的溝通問題，你可以努力解決這些問題。

## 情境三

**開發者：**抱歉，我真的不明白你為什麼要強迫我們遵守這些沒用的流程。能讓我好好工作嗎？（圖 4-3）

圖 4-3　一位開發者吐槽「不必要的流程」

### 到底發生什麼事

雖然像「這個流程對我們來說太繁瑣了」、「我不想遵守這些不必要的步驟」、「這就是大公司龜毛的地方」這樣的用語可能看起來像是對流程反感者的普遍抱怨（我們將在第 7 章中討論這個問題），但它們是重要且有價值的訊號，顯示你有一些工作要做。如果你的團隊對你的開發流程不感興趣，或者認為這個流程阻礙他們的工作進展，那麼即使成功地推行某個開發框架或流程，你在擔任一個溝通者和促進者的角色上也可能已經徹底失敗了。

## 你可能會做什麼

首先，認真對待開發者的意見。感謝他的坦率，明確表示團隊只有在人們坦率地分享他們的擔憂時才能成功。與其試圖在一對一的非正式對話中解決他的擔憂，不如請他在下次團隊會議上再次提出這個想法。這將有助於表明你並不是要成為團隊流程的殘酷執行者，而是一位協助團隊確定和採用最符合他們目標流程的協調者。

## 需要避免的模式與陷阱

試試看吧，我保證會讓你的日子更輕鬆！

「我保證有效」和「讓我們一起努力讓這個流程有效」之間存在著微妙但關鍵的區別。要求團隊成員無條件接受流程改變，其實是無視而不是在建立關係和支持。如果你的團隊對流程不感興趣，那麼這個流程就很可能失敗。

你說得對。忘了這些流程的事情，你想做什麼工作呢？

讓工程師自由發揮，做他們想做的事情，可能會讓他們覺得得到授權或多少受到尊重，但最終會讓他們與使用者和商業利益嚴重脫節。最終，有人會追究你的團隊以及他們的實際結果。如果你的團隊長時間沒有任何與組織目標相連接的流程，那麼結算績效時將會更慘烈。

我知道，我知道，我就爛，但是老闆說我們應該建立更多的流程。我保證我會讓這個過程儘可能輕鬆！

就像我們討論的，自我貶低是產品經理常用的應對方式。但如果你把自己塑造成別人無知地灌輸無意義流程的犧牲品，那你就保證了這流程真的無意義。如果你不相信你正在使用的流程是對的，但老闆還是要求要有流程，那麼現在該跟老闆來個尷尬對話的時候了。

## 摘要：有任何疑問，就來溝通吧！

日常的溝通工作需要專注、適應和細微分辨。但身為產品經理，你所做的最重要決策往往歸納為這個簡單的問題：你是否願意提出那些可能顯而易見、令人不安或兩者兼具的事情？你越敢於開始這些對話，並在團隊和組織內為這些對話鋪路，你和你的團隊就越成功。

## 你的檢查清單

- 溝通是越多越好。當你不確定一件事是否該提出來，那就一定要提。
- 別怕問「顯而易見」的問題。事實上，越是顯而易見的事情，你就應該越堅持確保大家都有共識。
- 建立一個「好的產品經理／糟糕的產品經理」文件，清楚列出組織對產品經理的期望。
- 避免以「如果……那就太好了」或「你認為可能……嗎？」等開頭的話，這些話會轉嫁責任。如果你正在要求某事，就直接表達你的要求，並清楚地說明為什麼需要這樣做。
- 嘗試把對話從情感和意圖轉到結果，像是問「這種情況有達到期望的結果嗎？」
- 永遠別忘了，「看起來不錯」常常意味著「我沒在注意」，所以要努力給予積極、肯定且具體的回饋和認同。
- 確保開會時讓人有機會表達意見，可以用「不同意但承諾」等方法，在組織內實現這目標。
- 記住，人們的溝通風格各不相同。不要將某人貼上「溝通不良」的標籤，或因為他們的風格與你不同就認為他們心懷不軌。

- 避免成為「討厭開會者」或「討厭郵件者」。索取他人時間時別道歉，但確保他們時間用得其所。
- 請詢問你的團隊成員，他們參加過哪些最有價值和最成功的會議。然後與他們一起努力設定一個明確的願景，了解對於你而言，一個「好」的會議是什麼樣子。
- 升級戰術對話，例如設計選擇或開發時間表，轉化為關於業務目標和使用者需求的戰略對話。

5

# 與資深利害關係人共事（或玩撲克牌）

我爸第一次見到他未來的岳父時，受邀在晚飯後一起打撲克牌。我爸跟我一樣，不擅長男人之間的角力遊戲，也不太會打牌。然而，在這種情況下，我爸在意的不是自己的牌技，他的目的不是贏牌，而是讓未來的岳父可以贏牌。聽我父母說，這個策略非常成功。

在我當產品經理的職涯中，我常常想起這個故事，尤其是和地位比我高的人一起開會時。大部分的高風險會議和一些高風險的撲克牌局中，「贏」對牌桌前的人來說，並不一定意味著同一件事。與資深利害關係人合作時，最好的「贏」方式通常是幫助別人贏。

無論好壞，資深利害關係人通常可以拿到關於業務的重要高層訊息，而你卻拿不到。憑藉這些訊息，他們可能會顛覆你工作項目的優先順序，或專案做到一半時，要求你改變優先順序。如果他們無法透露與其他資深利害關係人之間的敏感對話細節，他們甚至可能會說出「我說了算」這種話。總之，資深利害關係人總是會贏撲克牌。如果你選擇接受這個任務，你的使命就是確保你的公司和用戶可以跟他們一起贏得勝利。

本章要談談與高層利害關係人合作的一些實際策略（商業圈常說的「向上管理」）。特別說明一下，對我們而言，「高層利害關係人」指的是在你的公司內具有直接決策權的人。小型新創公司可能是創辦人或投資者。在大公司可能是你們部門或其他部門的高階主管。

## 從「影響力」到資訊

「透過影響力領導」的理念在產品管理的文獻中隨處可見，本書在第一版也提過這件事。的確，大多數產品經理必須想辦法在沒有組織管理權限的條件下完成任務。但過去幾年來，我對「影響力」這個詞的影響力逐漸淡化，這主要是因為我看到太多的產品經理試圖透過挑選資訊、忽略風險和假設，或對期限和結果做出過度承諾，來「影響」高層利害關係人走向預先設定的道路。在許多這種情況下，成功地「影響」高層利害關係人可視為一個勝利，即使這個「勝利」對企業及其用戶產生的結果存疑。

有時候，高層利害關係人會做出對你來說看似錯誤或不合邏輯的決策。有時候，這些只是糟糕的決策。有時候，這是因為高層利害關係人能夠拿到你無法獲得的高層資訊（比如即將進行收購或公司策略的變更）。還有時候，這是因為你沒有讓高層利害關係人意識到在做出這些決策時，應該考慮的戰術性權衡。

基於這些原因，我認為產品經理的工作是「告知」利害關係人，而不是「影響」他們，這樣會更有成效。如果你已成功向利害關係人說明目前的決策狀況、你所理解的決策目標，還有在做出決策時的現實取捨，那麼你已經成功完成了工作，即使你沒有得到原本期望的決策。

我經常看到，在「影響力」這個問題上，產品經理可能會覺得自己很有責任感，但卻沒什麼權力，尤其是在人事配置方面。在你的產品職業生涯中，你可能會至少會遇到一次這種情況：面對一個充滿雄心壯志的路線圖，卻擔心你沒有足夠的資源可以兌現你所做出的承諾。「當初規劃路線圖時，我以為我們會有十個工程師，」我經常聽到我指導的產品經理這麼說：「但是現在我們只有兩個工程師啊。老闆好幾次告訴我們，我們的工作對任務非常重要。我們該怎麼達成這個承諾呢？」

對於產品經理而言，他們本來大多都是高效率的工作者，因此這種情況給了他們一個明確的任務：說服老闆給你更多資源。但當我實際與這些領導人聊天時，我通常聽到完全不同的故事。我從來都沒有聽過哪個高層利害關係人說過：「我期望這只有兩個工程師的團隊可以完成一個需要十個工程師團隊才能搞定的工作。」反而我經常聽到的是：「幾個月前，那份工作對我們來說真的很重要，但公司正在重新評估一些事情，現在我們還不確定這是不是最好的投資選擇。」

最厲害的產品經理能幫助領導層做出聰明的決策，而且正如第 3 章曾討論的，提供選項而不是爭論，以確保領導層能夠更積極了解這些決策涉及的取捨。與其爭取更多資源，不如提出幾個選項，並附上可靠的建議：「如果我們有十名工程師，我們或許可以大致按照原始的路線圖交付產品。如果只有兩名工程師，或許可以大致按照簡化的路線圖交付產品。如果有五名工程師，就可以根據公司的優先順序來擴展簡化的路線圖。我們相信有十名工程師可以為企業提供最高的投資報酬率，這是根據所提供的資料得出的結論。選擇權在你手中，祝你愉快！」

---

### 勇於挑戰行政決策
### Ashley S.
### 某企業電子公司產品經理

我以前在一間大型的電子公司做過產品，我的團隊負責構建一個工作流程和資產管理工具。在專案一開始，我們從一個高階主管那裡得知，應該按照一個正在歐洲辦公室使用的特定工作流程管理軟體來做產品。他們的想法是，既然已經有團隊在使用這款軟體，我們就可以在這個基礎上擴展核心功能。

我們一開始跟打造這個軟體的公司交流時，很快就發現前進的道路並不輕鬆。我們一直聽到「我們的軟體沒辦法做這件事」，他們甚至無法滿足我們的一些基本需求。每次遇到問題時，我們得用越來越複雜的方法搞定。我們常常自問「為什麼選擇這項技術？」答案通常是「錢已經投進去了，那就繼續努力吧。」專案進行得越久，就越難重新審視那個決定，部分原因是我們花了太多時間為那套軟體制定權宜之計。直到產品「完成」之後，我們才展示給使用者看，而此時我們已經完全陷入權宜之計裡面無法自拔，根本無法真正的理解使用者需求。使用者告訴我們「這真是太糟糕了」，我們回答「是的」。最後，我們不得不放棄推出產品。因此，所有對沉沒成本的擔憂，最終使我們走上的道路是對產品的投資全部化為烏有。

如果時光可以倒流，我會對高層提出的技術決策投反對票。**身為產品經理，我認為最有助於我的職業生涯的其中一件事情，就是要勇於反對，並展開雄辯**。我們的訓練是遵守長官的命令，因此當你在一個充滿高階主管的房間裡時更難提出反對。你必須先了解他們的問題和批評並不是針對你個人而來的。我曾看到一些新手產品經理將高層領導人的問題和批評解釋為人身攻擊。你需要從情感上跟自己區隔。要有勇氣說：「我能反駁一下嗎？我們能不能談談為什麼你會做出這樣的假設嗎？」

身為產品經理，會一直有人問「為什麼要做這麼久？」你必須能夠解釋這個問題，而不是抱有防衛心的態度。要幫助高層了解，他們所做的決策並非孤立的，讓他們看到當他們想要新增一個功能時，卻沒有考慮到的「隱形」工作。提供他們各種選擇，讓他們了解每種方法的利弊得失。確保決策權在他們手上，讓他們擁有主導權。這樣一來，這就不是我們對抗他們，而是大家共同的事情。

---

## 就算答案你不喜歡，它也是個答案

幾年前，我正在培訓一群產品經理，讓他們了解到「釐清公司計畫和舉措背後原因」的重要性。會議室裡的一位產品經理馬上舉手打斷我，說：「對不起，我試過很多次了，但好像沒有用。」我請他舉例，他繼續說：「上次老闆要我們開發一個功能時，我一直問『為什麼』，問到大家都不想聽了，最後才跟我說：『你聽好了，CEO 答應人家要開發這個功能，所以我們必須做出來。』那為什麼還要問呢？」

雖然這可能令人失望，但這位產品經理盡了他的本分；他們找到了「原因」，即使他們沒有得到答案。在產品管理的實際應用中，有時你和團隊會發現自己在做一些看起來不明智或武斷的事情。但是，搞清楚這些背後的原因對你有幫助。

我曾與許多產品經理合作，他們尋找功能背後的「原因」，發現它「來自行銷部門」。對於某些產品經理而言，這個發現讓他們感到沮喪，抱怨公司「以行銷為導向」而不是「以產品為導向」。對於其他產品經理，這個發現使他們更能理解需要考慮的限制和機會。與行銷團隊成員進行一些開放和好奇心的交流，可能會揭露出一些對高階主管做出的具體承諾，例如「我們可以說功能是由 AI 驅動的」，或「我們下次的重大活動有東西可以展示」。更能理解這些限制意味著能夠在其中做好工作，同時交付對業務和使用者有價值的產品；許多東西都可以說成是「AI 驅動」，但要在特定日期交付某產品，仍然給你的團隊留下很大的空間想像那些產品的內容。

## 「我們的老闆是個白痴」，或者，恭喜你，你毀了你的團隊

當產品經理無法從資深利害關係人那裡得到他們想要的答案或決策時，他們往往會退縮，轉而犧牲那些利害關係人，以建立團隊的凝聚力。在我職涯剛成為產品經理時，高層提出了看似不合理的要求，我的第一個想法總是：「天阿！我的團隊會怪我啦。」為了避免指責，我會盡快結束跟高層的談話，回到團隊，說出類似這樣的話：「你們猜猜那些白癡是怎麼耍我們的？好吧，我們現在得處理這個問題。＊咳＊錯不在我。」

眼下，這似乎是唯一既能夠保持團隊信任和尊重、又能夠安撫高層利害關係人的方式。但從長遠來看，這絕對不可行。當你走進你的團隊，說出「我們的老闆是個白痴」這樣的話時，你實際上已經毀了你的團隊。他們會開始認為所有來自資深利害關係人的要求都是武斷又不合理的。他們花在符合組織目標專案上的時間和精力，會讓他們感到不情願地向當權者做出讓步。而他們投入在不符合組織目標專案上的精力與時間，會讓人覺得「官逼民反」。他們會認為你的職責是保護他們免受資深利害關係人的傷害，而不是將他們推向資深利害關係人。你會把自己逼入絕境，團隊的信任和支援會取決於你是否盡職盡責地履行這個職責。雖然是為了保護和捍衛你的團隊，但你卻讓他們無法按照組織的要求達到成功。

那麼，當你不同意老闆的決定或指示時，該如何有效地與你的團隊溝通呢？保持冷靜，解釋工作目標和限制，讓團隊參與尋找讓工作發揮最大影響力的方式。我很驚訝，一個簡單而透明的認知就能讓團隊迅速轉變想法，例如「是的，我不一定同意這個決定，但公司有多方面的考量，我們不可能總是認同每個決定。但我確信，我們有很大機會確保這項工作解決使用者的真正問題，我很期待和大家一起找出這些機會。」

這裡有個有趣的故事：這個章節的第一版初稿是五年前在自責之下寫成的，當時我與一位產品經理聊天，當時的她對自己的角色感到很困擾，這種感覺對我來說太熟悉了。最近我有幸與那位產品經理 Abigail Pereira 重逢，她現在是一位非常成功的產品領導者，並且管理著兩位優秀的產品經理。她分享了職業生涯中那個時刻的反思：

> 在產品經理職涯初期，我缺乏處理工作情感這塊的能力。產品管理有很多工作都需要跟人打交道，而且要一次又一次地重複自己的話，需要超多的耐心和信心。由於當時缺乏這兩項東西，我就會跑去跟產品和工程團隊一起開會，我們稱之為「產品療法」。在這些會議上，我發現自己可以跟團隊共鳴，因為我們都要面對討厭的利害關係人，感覺不受重視，還有其他跟工作有關的事情。一開始，這些會議似乎是一個安全的空間，可以表達我內心的想法。思維方式是「我們對抗他們」、「小蝦米對大鯨魚」，這種對抗的心態讓我感到熱血沸騰，給了我一種使命感，好像即使我不能成功推動產品概念的發展，至少我有團隊的支持。
>
> 但到頭來，這一切都沒有如願以償。當時的安全感短暫，但挫折卻成為情緒長期燃燒的助燃劑。回想起來，我發現自己是為了撫慰自己的自尊心，而不是勇於面對自己能夠控制的事情並繼續前進，結果激發了許多這樣的情緒。當時的創傷連結讓人上癮，讓我感覺自己承擔了更高的使命。雖然我和一些同事仍然是朋友，但我發現除了共同的消極情緒，我們其實沒有共通點。做產品的人需要超強責任心，對自己的想法也要有堅定信念。現在我終於明白，堅持自己的想法不應忽視競爭環境。當我需要發洩時，我會懂得找對人。我不僅是一個負責人，也是一個領導者，我逐漸意識到，要推動人們向前發展、微妙平衡地建立關係，但不能犧牲別人。

對於想跟團隊建立友誼和凝聚力的產品經理來說，維持這種我們對他們的創傷聯繫是一個持續的挑戰。但正如 Pereira 在前面提到的，要成為偉大的產品經理和產品領導者，所需的「耐心和信心」只能在這種挑戰的另一邊找到。

---

### 「保護」你的團隊，免受業務目標的威脅
### Shaun R.
### 成長階段中的電商新創公司產品經理

我當時在倫敦一家電商新創公司擔任產品經理，我的團隊負責建立一個「黑色星期五」銷售頁面。對電商企業來說，「黑色星期五」是件大事，企業非常清楚成功的樣子。我們有一個產品概念，非常貼近使用者需求，但從商業角度看，風險相對較高。我希望我的團隊能夠進一步以使用者為中心，勇敢一些，因此我沒有告訴他們企業想要達到的具體目標。

一切進展順利 —— 直到實際推出產品。儘管我們所建構的產品確實符合我們所理解的基本使用者需求，但它並未達到企業所期望的成功指標。如果我能更坦率地跟團隊說明公司怎麼定義成功，我們本可以建構一個更符合使用者需求，而且更能夠搭配公司需求與限制的解決方案。結果我們在推出之後不得不趕緊防守，時間越來越緊迫，士氣也顯著受到打擊。

事後回顧，這是我把團隊和潛在衝突隔絕時所造成的一個情況，讓自己成為團隊與整個企業之間任何問題的過濾器，讓你覺得自己正在保護科技人員免受非科技人員的傷害，在短期內看似可管理的。**但當企業所需與團隊的需求在根本上無法匹配時，你無法以「保護」團隊為名，忽略企業來解決這個問題。**

---

## 沒有驚嚇和意外

幾年前，我被指派到一家公司當產品經理，負責擬定一份新的路線圖。我花費了很多時間，逐漸在組織的各個部門獲得支持，聽到大家的疑慮並調整，最終完成一份既有影響力又可實現的計畫。

在我們的領導團隊一致同意這個路線圖之後，一位資深利害關係人拉著我到一旁說「你真有創意，」他說：「希望下次見到你時，你能提出更有創意的方案。」太好了！我戴上「有創意的人」的高帽，花了整整一個星期的時間，製作出一個真正令人驚豔的計畫 —— 這正是我一直以來想要的。

在下週路線圖會議的前一天，我發給那位高階利害關係人一封電子郵件，根據我的印象，大約有一萬個字。信中詳細描述了我的偉大計畫，並感謝他激發了我的創造力。那晚我睡得特別好，自信地以為我得到了組織中最資深、最重要的其中一人的祝福。

可是隔天的會議簡直是場屠殺。我才剛開始分享我的新想法，就被另一位高層利害關係人打斷：「等等，我們不是上週已經有達成路線圖的共識了嗎？現在是怎麼回事？」令我感到震驚和生氣的是，之前要求我提出「更有創意的解決方案」的那位超級資深利害關係人，現在竟然開始責怪我把計畫完全偏離軌道。我氣得交叉雙手，強忍著淚水。他怎麼能這樣對待我呢？

我為此很長一段時間無法釋懷。但回想起來，我在那場攸關性命的關鍵會議上，至少犯了兩個重大錯誤。首先：我付出很多心力交涉和交際，才贏得那些人對我原始路線圖的認同，但我可以說背叛了他們的信任。其次，儘管我在一封超長的電子郵件中向這位資深利害關係人闡述了我的「創意」產品願景，但我不知道他是否真正支持它。這兩個重大錯誤加起來就成了一個超級大錯誤：在一個重要且高風險的會議上，我讓資深利害關係人驚訝地看到新東西。更糟糕的是，我在這個重要且高風險的會議上，與我認識的其他資深利害關係人一起為公司未來的不同願景而奮鬥。儘管責任不是在我一個人身上，但很大一部分責任都應歸咎於我。

解決方案很簡單：在跟「大老們」開會時，不要突然提出會嚇到他們的想法。有很多原因說明，為什麼在大家一起開會討論之前，個別向資深利害關係人介紹新想法是一個好主意。但是，回到本章核心主題，資深利害關係人總是贏得撲克牌。如果你花時間確保每位資深利害關係人都投入對公司與其用戶有益的想法，那麼無論是哪位資深利害關係人贏得這局，公司與其用戶都會獲益。

要注意的是，與資深利害關係人安排開會的時間，真的是知易行難，尤其是在遠端工作的時代，因為你不再能夠「順路」拜訪某人的辦公室。在無法與資深利害關係人成功預約時間的情況下，建議將你預計想介紹的任何「重要想法」分解為多個小部分，並再次提出多個選項，而不是只主張一條前進的路線。例如，在我命運攸關的會議上，與其發布一個全新的路線圖，我可能會花一點時間讓團隊關注我們公司的高層目標，然後將最初的路線圖和新路線圖作為兩個不同的選項來呈現，以幫助我們實現這些目標。這樣可以為房間裡的資深利害關係人開啟更多選擇空間，而不是自發地攻擊新路線圖。

---

### 漸進式取得支持，避免「發現大祕寶」
### Ellen C.
### 企業軟體公司的產品管理實習生

當我在一家大型軟體公司擔任實習生時，我的第一個專案是為一個受歡迎的辦公產品套件建立一個閉路字幕系統。我接收足夠指令：有一個明確的商業案例、一套明確的實施規定、以及一個相當明確的成功標準。我能夠手動測試各種不同的執行方法，並向利害關係人報告。這項任務進展得非常順利。

我接到的第二個專案是在同一套辦公軟體中建立一個評論系統。我對這個專案非常期待。雖然我個人並不需要閉路字幕，但我對評論系統有很多想法。我有一個偉大的計畫，要做出非常酷炫的東西。我非常努力地制定了一個規格，涵蓋了從「緣起」到具體設計和實施細節的所有內容。這將是我大展身手的好機會。

當我整理好所需的規格書時，審查的過程一波三折。實際上情況變得非常糟糕。我原本期待大家都會說：「這真是太棒了，為什麼我們還沒做呢？」但事實上，每個人都告訴我說這行不通。很多事情在我看來很理所當然，但實際上卻有一些我無法理解的背景。因為我太投入了，所以不想接受他們的意見。

**現在回想起來，我犯了一個大誤，就像很多我看過的新手產品經理那樣，他們試圖以「出乎意料」的方式銷售全部的產品**。我並沒有做到讓大家同意核心用戶的需求，也沒有提出解決這種需求的不同可行方案。相反的，我只說「這就是我們應該做的，也是我們這樣做的原因。」當你在一個大型會議中一次展示所有內容時，人們不知道該在哪裡提供意見回饋。如果你單獨向人們詢問，他們可能會說「這太糟糕了，這就是解決之道。」但是當你嘗試進行「意料之外的演出」時，就真的沒有出路了。

---

## 在公司政治的世界中，保持以使用者為中心

應付公司政治可能看起來很費力，而且在大多數情況下，確實是很費力的。然而，你必須記住，你的成功最終取決於你讓使用者滿意的能力，而不是讓利害關係人滿意的能力。如果你打造的產品讓你的上司和上司的上司喜歡，但卻無法為使用者帶來實際價值，那麼你就沒有遵循產品管理的其中一個指導原則：「活在用戶的世界裡。」

下面是一些在駕馭公司政治時，仍以使用者為中心的小提醒：

### 讓你的使用者為你辯護

請記住，你最終打造的產品是為了使用者，而不是為了利害關係人。如果你定期與使用者交談，並從他們那裡獲得意見（你絕對應該這樣做），你應該有足夠的資訊讓高階利害關係人選擇，並滿足使用者的需求。如果連你都不清楚，為什麼使用者可能需要你建議的這個功能，或許根本就不應該提起。

### 讓使用者需求貼近業務目標

產品經理常常會感到自己在為「對使用者有益」而奮鬥，而這與高層的「為企業好」的命令相抵觸。但最大問題不是使用者需求和企業目標的失衡，而是一開始就將這兩者視為對立的。如果你感覺自己陷入了企業目標和使用者需求之間的拉鋸戰，解決方案不是拼命的拉鋸，而是確保建立使用者需求和企業目標之間明確且正相關的關係。

在提出特定的功能或產品時，要非常精確和明確地解釋你如何看待使用者需求和業務目標之間的關係。例如：「如果我們可以讓新用戶的入門體驗更快、更輕鬆，相信新用戶的註冊率會增加約20%。考慮到每個新用戶的廣告收入約為一美元，我們認為這是實現本季收入目標的關鍵步驟。」

### 翻轉劇本，向高階主管詢問對使用者的了解

如果你希望在整個組織中鼓勵以使用者為中心，請詢問你的高階主管對於你的使用者需求的了解。請明確表明你的目標是協助他們為使用者提供價值，並達成你的企業目標。邀請他們參與對話，共同探索多個解決方案以滿足明確的使用者需求，而不是爭論一個既定的解決方案。

與你的利害關係人不同，你的使用者很少會站在你肩膀上，有力地倡導他們的目標。但是，理解並為這些目標發聲，即使是在最具爭議性的利害關係人對話中，也能帶來一致性和目的。

---

## 神祕消失的搜尋欄事件

## M.P.

## 產品經理，非營利組織

當我在一個中型非營利機構擔任產品經理時，我負責監督一個重要的網站重新設計任務。我知道這將是一項困難的挑戰；這個組織有許多資深利害關係人，對如何代表他們所在的部門有非常強烈的意見。

我組織一個指導委員會，其中包括需要直接簽核最終設計的人。我每週都展示工作進度，以保持專案持續前進。確實，有幾次人們為了讓他們的特定部門更加突出而努力爭取，但我們總是能夠找到對團隊有利的折衷方案。很神奇，我們能夠按時按預算啟動。

這個專案一開始看起來非常成功，但直到幾週之後，當我實際上需要使用網站尋找一些有關我們主辦的活動資訊時，才發現問題。從產品經理的角度來看，這個網站看起來很棒，但從使用者的角度來看它根本一團亂。網站頁面最上層的分類，完整呈現我與每個部門主管爭辯的結果；但從使用者的角度看，這些分類根本沒有多大意義。最糟糕的是，搜尋欄因為缺少高層的支持，所以被完全掩蓋了。

**回想起來，我意識到自己太過於在乎讓資深利害關係人都能滿意，以至於完全忘記了站在使用者的立場考量。**現在，每當我與資深利害關係人合作時，我都會先從使用者的需求出發，再嘗試得出任何結論，這樣我們所做的決定才是最符合使用者需求的，而不是最符合會議室裡那些人的自尊心。

---

## 資深利益相關方也是人，需要關心和尊重

最後但同樣重要的是，請記得，資深利害關係人也是人。他們也有讓他們睡不著覺的考量、有自己的戰爭、有自己的期望、抱負與挫折。與他們互動對你來說可能非常重要，但他們還要專注在許多其他的事情。

當你覺得自己沒有得到資深利害關係人的認可或肯定，或者當你確信資深利害關係人有意隱瞞資訊時，請記住這一點。很可能他們只是非常忙碌，而你認為他們隱瞞的資訊，實際上可能是他們自己也不知道的事。

## 撲克遊戲在實務中的應用：管理資深利害關係人的三種常見情境

讓我們來看看你在與資深利害關係人合作時，可能會遇到的三種典型情況。這些都是惡名昭彰的「權宜之計」，就是資深利害關係人突然插手干預某個正在進行中的專案，提出批評、意料之外的要求，或不管環境怎樣都要繼續進行。我認識的每一個產品經理至少都經歷過一次這樣的情況。在繼續閱讀之前，請考慮一下你如何應對，就像你對第 4 章中的範例所做的那樣。

### 情境一

**高階主管：**我剛看了你們設計師的作品。我不喜歡那些顏色，而且它跟我批准的產品完全不像！（圖 5-1）

圖 5-1　典型的「撲克 - 抨擊」現象

## 到底發生什麼事

在這種情況下，高階主管可能覺得自己沒有掌握狀況。有些事情正在進行，而他並不知情，這無形中威脅到他的權威和控制感。回到我們的 CORE 技能，有組織思維的產品經理可能會意識到，她的團隊與高層厲害關係人之間的溝通方式出了問題，她會想辦法處理這樣的脫節。

## 你可能會做什麼

首先，你可能需要直接道歉。如果高階主管看到了一些對他來說新奇的東西，那麼你獲得產品創意和設計批准的方式可能存在問題。向主管解釋，你不希望有任何事情讓他感到驚訝或措手不及。詢問他你能怎麼做，以確保他能在合理的時間內看到正在進行中的工作。他是否希望召開定期會議？他在產品開發過程中有哪裡感到不可控的？找出解決根本問題的方法，而不是試圖逃避這個尷尬的時刻。

## 要避免的模式和陷阱

這就是你當初簽署的文件，唯一的差異是表面的細節！

由於你正在與一位權力和權威遠超過你的人交談，你可能不想進入辯論模式。真正的問題是什麼？是本質的改變，還是這位高層看到的東西對他來說似乎是陌生的？

上週我發新樣稿給你，還問過你是否有任何意見，但你從來沒有答覆過！

除了明確且具體的同意，其他都不算真正的買帳。如果你的更新模型只是一萬封郵件中的其中一封，而你沒有收到回覆，甚至只是一個普通的「看起來還不錯」的回覆，那麼你實際上等於沒有傳達出這些訊息。試圖拿技術細節來贏得爭論是沒有用的。

沒問題，我們會按照你的要求更改顏色

如果你細讀這位主管的評論，你可能會注意到他並沒有要求你改變產品本身。他本質上是在講溝通問題，而不是產品問題，單純改變產品並無法解決這個問題。

老兄，那只是你的看法

即使「顏色都是錯的」只是一個意見，你最好還是別走這條路。與任何人（更別提是一位資深的利害關係人）展開一場觀點之爭，即使在最好的情況下也是不智之舉，而在這種情況下更難產生正面的結果。

## 情境二

**高層：**我知道你的團隊本週已經在忙一些事，但我對前幾天討論過的另一個功能非常感興趣。你覺得你能撥出一點時間來做這個嗎？（圖 5-2）

**圖 5-2** 高層突然提出新功能的要求

## 到底發生什麼事

從表面上看，這可能像是一名高階主管，試圖將自己青睞的專案偷偷塞到你團隊已經排滿的工作計畫中。但如果你相信這位高階主管的話，她的動機就只是心血來潮，而不是想要搞破壞。如果一個高階主管花時間來找你，表達自己對某樣東西的興趣，即使你目前並未打算規劃要做，這也是很好的機會，讓你更了解她的優先順序，以及如何跟你團隊的優先順序配合。

## 你可能會做什麼

你可以坦率、公開地聊聊，知道為什麼這個功能讓這個高階主管如此感興趣，以及為什麼你的團隊沒有將它列為本週的工作重點。或許這位主管跟高層聊過，而這些對話可能會改變組織目標，而你只是不知道而已。或者這位主管只是對這個想法感到非常有興趣，而且不知道你的團隊正專注在哪些目標。接受這種可能性，這位高階主管所建議的功能，實際上對組織來說，可能比你的團隊正在做的事情更重要。然而，與其直接蓋掉團隊目前已經排定優先順序的工作，不如與這位主管討論如何更改你的整體優先順序安排，以確保最重要的工作得以優先進行。

## 要避免的模式與陷阱

好的！

馬上同意這樣的要求，不僅會破壞團隊現有的工作優先順序流程，也會讓高層失望，因為你實際交付的東西可能無法達到她心裡的期待。除非你花時間充分了解為什麼需要這個功能，否則你沒有資格答應任何事。

不行！

如果一位高層花時間來找你，分享他們對某功能的興趣，那麼肯定有重要原因。即使你最後還是打算堅持先做團隊原本的優先工作事項，也要把握良機去了解，為什麼這位高層對這個功能如此感興趣。

或許吧，我們再看看有多少時間

這裡最根本的問題不是你的團隊有沒有時間開發新功能，而是為什麼這位高階主管對新功能如此感興趣。如果你只是把這個當作是能耐問題，你就錯過了解組織中資深利害關係人的目標和動機的大好良機。

# 情境三

**高層：**聽我說，我已經在這行做很久了，當我說這個功能會大賣時，你儘管相信我。好嗎？（圖 5-3）

**圖 5-3** 一位高層堅持某項功能會大賣

## 到底發生什麼事

高階主管也是人，有時他們會像你一樣防備和煩躁。差別在於，他們可以霸氣地說出「因為我早就說過了」，而你幾乎不可能這樣說。在你的職業生涯中，你會發現自己有時需要跟這樣一位高階主管交流，他們寧可提出晦澀的命令，也不願意努力尋找共同點，尤其是當你面對的是一位來自團隊外部、可能不熟悉你日常工作或經驗的高階主管。

## 你可能會做什麼

當某人處於高階主管的職位時，他可能已經經歷過很多成功，這些成功影響了他們的經驗和期望，而掌握成功的祕訣對你來說也是很重要的。有一個我覺得特別有幫助的策略是，大概可以這樣說「我知道你認為這個功能對我們來說會是一項勝利，但如果我說錯了請糾正我，這樣我才能確保產品之後會建立在目前為止的成功基礎上。」透過提問、開放式跟進問題，保持關注與參與。如果你覺得談話沒有結論，而且只是在不適當的時間點與這位 CEO 碰面（這完全有可能發生），看看你能否在日程表上安排一些時間來提出這些問題。

### 要避免的模式與陷阱

**隨你怎麼說，老大！**

如果這個功能失敗了，這位主管不太可能說「這個功能是我堅持提議的，所以它的失敗完全是我的問題。」比較可能的情況是，這位高階主管會在執行過程中挑出一些細微的缺陷，並堅稱「如果他們有完全按照我的要求行事，整件事本來可以非常成功的！」

**我認為這個功能會失敗**

除非你與這位高階主管關係很好，否則你在意見對立時很難有所斬獲。即使你確實認為這個功能會失敗，你和高階主管手上掌握的資訊也未必全面。你的工作是儘可能多地收集這些資訊，讓所有得相關人員能夠做出更好的決策。

**抱歉，我不會因為你的一句話就增加某個功能**

從高階主管的立場來看，他們可能不會因為你想做就讓你做某些事情。他們八成都有自己的理由，而你的工作就是儘可能了解這些原因，即使你不完全認同。像往常一樣，保持開放的態度會比防備的態度讓你的路可以走得更遠。

## 摘要：這是你工作的一部分，不是阻礙你工作的事情

與資深利害關係人合作是產品經理工作中極具挑戰性和高風險的部分。有時候，這些利害關係人（尤其是創辦人和高階主管）似乎會對你的命運與未來擁有難以置信的掌控權。但請記住，高層也是人，他們可能會陷入和你一樣的自我懷疑和防衛的陷阱。協助他們做出最佳的決策，從他們的經驗中學習，保持耐心和好奇心。

## 你的檢查清單

- 在與資深利害關係人合作時，不要以「輸贏」為目標。幫助他們做出最佳決策，並展現出你可以成為有價值、會支持的好夥伴特質。
- 你要接受一個事實，你不可能總是能從資深利害關係人那裡取得你要的答案，這並不是針對你個人。
- 不要想藉由說資深利害關係人的無知、傲慢或脫節來「保護」你的團隊免受他們影響。而是公開承認你工作的限制條件，並最大化在這些限制條件下所能產生的影響。
- 別在重要會議上用你的好點子讓資深利害關係人不知所措，如果可以的話，先在一對一的會議中，慢慢而謹慎地介紹這些想法。
- 不要讓公司政治淹沒使用者的需求。讓使用者需求引導你的決策，並在與高層領導人的會議中表達使用者的觀點。
- 把握每次的機會，將業務目標與使用者需求連結起來，強化以使用者為中心的業務價值。
- 當資深利害關係人問你像「週二之前能搞定嗎？」這類的問題時，請將他們的問題視為真正要處理的問題，而不是暗示的命令。
- 面對突如其來的批評時，不要浪費時間舊事重提去討論過的對話細節。而是要找機會診斷和解決潛在問題，讓批評者以後不會覺得被排除在外。
- 如果一位資深利利害關係人突然要求你的團隊做不一樣的事情，一定要找出原因。可能有一些重要的高層對話是你不知道的。
- 要記住，資深利害關係人也可能會感到防備和疲憊。保持開放、好奇和耐心。

## 6

# 與使用者對話（或何謂撲克牌遊戲？）

現在想像一下，你正在參加一場特別的撲克牌遊戲。你在一家網路遊戲新創公司工作，並想要加入一些撲克牌社團，以便進一步了解他們在紙牌遊戲的需求和行為。在自我介紹之後，主辦人非常慷慨地問道：「不知道你對撲克熟不熟，需要跟你講解一下規則嗎？」

也許你還沒有意識到，但這一刻你可能正站在使用者心得的大門口，或者可能把自己拒於門外。

你稍微猶豫了一下。你希望他們信任你，可是如果他們覺得你是個門外漢，那他們為什麼還要主動給你有趣或有見地的訊息呢？於是你自信地回答：「當然，我超愛玩撲克牌的！我們要玩德州撲克還是奧馬哈撲克？」對方友善地回答：「當然是德州撲克啦！」遊戲開始了。好緊張，但他們相信你了，昨晚在維基百科上花的時間真的派上用場了。第一手牌開始時，你就問了正事：「很感謝你們邀請我來參加今晚的遊戲。如你們所知，我在這裡研究線上撲克牌遊戲。你們期待理想的線上撲克 App 會有什麼功能？」

桌邊的人回答得很慢，似乎對這個問題興致缺缺。在沉寂了一段時間之後，坐在你旁邊的人開口說：「我好像在幾年前曾經在手機上安裝過一個撲克牌 App，但最後沒什麼在玩了。」

是的，你有進展了。「你覺得它哪裡不好用？」

「嗯，老實說，我不太記得了。大概就是覺得不太好玩吧。」

再來一點。「你為什麼覺得它不好玩？」

「呃，我不知道。我猜他們只是沒有讓打牌變得非常刺激。」

你點頭如搗蒜。好耶！做到了。

在回家的路上，你拿出筆記本，寫下以下這句話：

> 人們需要一個刺激好玩的線上撲克牌*App*。

你腦中浮現：高解析度的畫質、震耳欲聾的音樂、爆炸效果……這是有史以來最刺激的線上撲克遊戲。這個口號很讚。而且，你在幾個月前進行一個「你想從撲克牌 App 中得到什麼？」的調查時，「畫質」和「音效」都被列為相對較高的優先項目。你將打造有史以來最成功的線上撲克牌 App。

現在，讓我們想像你選擇走另一條路。

經過一輪的自我介紹之後，主辦人非常慷慨地問道：「不知道你對撲克熟不熟，需要跟你講解一下規則嗎？」

你稍微猶豫了一下。你希望他們信任你，又怕他們認為你是個門外漢，但也不想讓你原先對遊戲規則的假設，阻礙了理解他們玩法的機會。你謙虛地回答：「我不太會玩撲克牌，你能帶我玩一輪嗎？」

有些人瞪眼。你開始感到尷尬。但是主辦人很樂意解釋規則，把你當做沒玩過撲克牌一樣。當主辦人繼續向你介紹遊戲時，桌上的一些人開始互相交換眼神，並咯咯地笑。你說「對不起，我有什麼地方搞錯了嗎？」旁邊的人說「沒有啦，只是因為我們一起玩這個遊戲很久了，我們可能會有一些自己的小規則。如果你試圖用我們的方式和其他人玩這個遊戲，他們可能會把你趕出去！」大家都笑了。

在回家的路上，你拿出筆記本，寫下以下這句話：

> 玩家改變遊戲規則，以滿足其社交圈的特定需求，和對所在社會群體的期望。

你皺著眉頭思考了一會兒。這跟你之前做的「想從撲克牌 App 得到什麼？」的調查時聽到的完全不同。你發現了一些真的很令人驚訝的事情，而且這些事情可能會對你正在開發的產品產生重大影響。你問了一大堆之前沒有想過的問題。非正式規則在撲克牌遊戲中扮演什麼角色？跟陌生人打牌和跟朋友打牌有什麼不同？你不太確定這些問題會帶你走向何方，但你很高興自己知道要問這些問題。

## 利害關係人和使用者是不同的

在許多方面，跟使用者聊天似乎應該是產品經理工作中最輕鬆的部分。我是說，能難到哪裡去呢？找一些使用者、跟他們聊天，然後你就可以輕鬆掌握「以使用者為中心」的概念了。但實際上，與使用者交談對產品經理來說可能是最難學習的部分。為什麼呢？因為許多有助於產品經理與利害關係人成功合作的行為，對於向使用者學習來說卻是大錯特錯的行為。

當與利害關係人合作時，你希望能夠在高層策略與執行細節之間建立有力的連結。你希望提供選擇，解釋取捨，並讓利害關係人有權做出最佳決策。在做出這些決策時，你希望得到具體而積極的承諾，以確定前進的方向。

但是和使用者聊天時，你的目標完全不同。你的工作不是解釋、協調、甚至不是提供資訊。反而，你的工作是儘可能地多了解他們的目標、需求和世界。回歸到我們的第三個指導原則，這意味著要沉浸在使用者的現實中，而不是將他們拖入公司的現實中。要把這個想法付諸實現，需要的不是「聽起來很聰明」，而是「裝傻」。

對許多產品經理而言，這可能是一個令人震驚的轉變。產品經理通常要對產品、業務和使用者有廣泛的認識。要成功地與使用者聊天和學習，產品經理得學會控制衝動，不馬上給出具體答案和解決方案。有位產品經理在第一次與使用者面談之後坦率地告訴我：「那讓我覺得自己像個笨蛋，我能理解為什麼這麼多產品經理不願意這麼做了。」

---

**在使用者的建議對話中「推銷」想法可能招惹的危險**
**T.R.**
**產品經理，早期的娛樂新創公司**

在我職業生涯早期，我曾在一間初創的娛樂公司擔任第一位產品經理，這間公司正在開發一種工具，幫助播客（Podcast）製作人簡化合作和出版流程。這是一個非常酷的想法，有特定的受眾，我很興奮能加入這個團隊。

但是，當我開始接觸早期產品原型，我覺得很困惑。我對播客製作有相當多的經驗，但呈現給我的工作流程不合邏輯。老實説，這些工作流程更像是軟體開發工作流程，而不是播客製作流程。我很好奇這個產品怎麼成為這種樣貌的，於是詢問了公司創辦人，看他能不能參加下一次的使用者意見回饋會議。

在幾分鐘內，我完全明白發生了什麼事情。在使用者還沒有自我介紹之前，我們的創辦人已經解釋了這個產品如何改變播客領域。創辦人沒有讓使用者自己操作原型，而是引導她完成每一步，詳細解釋每一步發生的事情，每個步驟都以一個笑容可掬的「超酷吧？」來結束。毫無疑問地，大家公認這次的使用者意見回饋會議相當成功。

我知道，距離讓創始人的美夢破滅已經不遠了，並且在真心相信公司的核心理念之後，我問能不能為自己辦一場使用者意見的回饋會議，並將會議錄影提供給團隊審閱。在這個會議中，我幾乎沒有給使用者提供任何的引導；我只是讓他坐在樣機前面，讓他向我介紹他的期望和行動。他從一開始就完全對產品一無所知，也不知道怎麼使用產品，事實上，他甚至花了幾分鐘才理解產品的功能。

跟創始人一起觀看這段影片真的是滿尷尬的。一開始，他很快的表示，我沒有盡到足夠的努力來解釋這款產品，或幫助使用者理解其價值。但是在一天結束的時候，**你不能讓人困惑且沉默地花一個小時地盯著你的產品看，還看不出它有什麼效果**。那一刻讓我們的創辦人得以重新評估產品基本面。如果產品是來自產品經理而不是實際的使用者，那麼這是創辦人永遠不會考慮的產品。

---

## 是的，你需要學習如何與使用者交談

明確指派產品經理進行使用者研究的任務，在各個組織和團隊的差異可能會非常大。但非正式的使用者研究無所不在，從產品會議上的友好閒聊，到與家人閒聊技術支援。因此，每位產品經理花些時間學習使用者研究是有幫助的。這樣，你就能從現有與潛在使用者的每一次互動中獲得最大收益，無論這些互動是否可正式視為「使用者研究」。

在過去的幾年中，我非常幸運能夠與一些出色的使用者研究員和人類學家合作。我的商業夥伴 Tricia Wang 非常大方地指導我，從糟糕的使用者研究開始（「我們的團隊做了這個超級酷的產品，你喜歡嗎？」）到做比較好的使用者研究。她的指導一次又一次地告訴我，提高使用者研究的不二法門就是經常練習和坦誠地反省。換句話說，如果我不先做很多糟糕的使用者研究，我就不會進步。

本書不打算成為使用者研究的全方位指南，但本章結尾「你的檢查清單」，我推薦了一些相關的建議。然而，為了坦誠地反省，我很樂意分享自己在進行使用者研究時所得到的一些最值得注意的收穫：

詢問具體的例子，而不是籠統的

這個策略在使用者研究的書籍和課程中經常提及，而且它仍然是我所學到最有幫助的實地策略。實際上，這意味著，與其問「你通常午餐吃什麼？」或「你最喜歡的食物是什麼？」你可以使用類似「詳細描述你上一餐吃了什麼」的提示。這個想法是，具體的例子會比一個籠統的、抽象的答案更真實地反映使用者的現實情況。我發現這個策略在與使用者談論音樂和食物等與特定口味和偏好相關的事情時特別有用。例如，人們通常會很快談論收聽音樂的具體實例（「我上次跑步時聽了 Dua Lipa 的新專輯」），但當你問及他們的「音樂品味」或「最喜愛的藝術家」時，他們會立即停下來。

別因為聽到想聽的話，就開始興奮了

有時使用者會在剛開始對話時直接主動提出你想聽的話。當我開始與使用者聊天時，我經常會立即跳入「哇，你知道嗎，這就是我們一直在討論的事情！太棒了！非常感謝！」這需要我花一點時間和導師的悉心引導才能明白，其實這阻止了我更深入地了解使用者的真正需求。有可能使用者描述的是你計畫構建的解決方案，但原因可能是完全不同。如果你無法理解這些原因，你可能最後會生產出沒有價值的產品。

別讓使用者為你工作

經常在設計思維研討會上提及 OXO 的「從上方讀取」量杯故事，也收錄在 Mark Hurst 的傑出著作《Customers Included》（*https://oreil.ly/aD7Ic*）（Creative Good）。當 OXO 的研究人員問顧客「你希望一個量杯有什麼功能？」時，顧客列舉一長串合理的需求：「我想要更堅固！我希望有舒適的把手！

我希望能夠順暢地倒出！」然而，當研究人員讓使用者實際操作量杯時，他們發現了一個共同的動作：在裝滿量杯後，使用者會蹲下來將眼睛與量杯上的刻度線對齊。因此，「從上方讀取」的測量杯應運而生（見圖 6-1）。

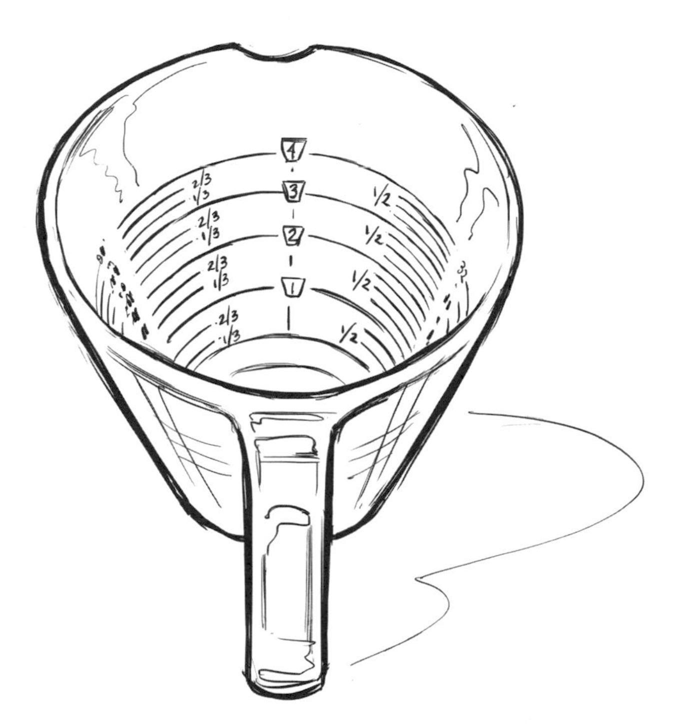


**圖 6-1** 「由上方讀取」的量杯

這個故事說明了請使用者為你做事的缺點。如果你要求使用者列出功能清單，你可能會有十足的把握與信心，回去跟你的團隊說：「我知道這是個好主意，因為我們的使用者要的就是這個！」但是，你的使用者並不負責將他們的目標和需求與你的公司獨特的機會相連接，以滿足這些目標和需求。這是你的事，而不是他們的事。

簡而言之，你隨時可以進一步學習如何與使用者溝通。你應該閱讀有關使用者研究的書籍和文章。你應該尋找組織中的使用者研究人員，並詢問他們是否能夠指導和引導你，教你個幾招。即使對你來說並不容易，也要繼續實踐使用者研究。保持開放和好奇心，不僅要向使用者學習，還要學習如何從使用者那裡學習。

## 不受歡迎的人物

當你開始向使用者學習時，你肯定會想：「我們應該先考慮哪些使用者？」在解決這個問題時，你可能會用到「使用者角色」：通常是不同使用者類型概括成一個配置檔，然後賦予他們獨特的名字和背景故事。例如，訪問十位不同的小型企業老闆之後，可能會產生兩個有名字的使用者角色（讓我們稱之為「伯特」和「厄尼」），代表研究中出現的兩個不同需求和行為族群。

在我剛開始當產品經理時，有一位與我共事的 UX 設計師，當他建議我們建立一些使用者角色時，我當場發飆了：「嗯，我不需要創造一堆假的使用者，因為我很了解我們的真實使用者，非常感謝！」即使我全力打擊那個想自吹自擂的同事，但最後我發現這個工具非常好用。是的，我們為「假的」人製造產品（從真實人訪談組成），但考慮到除了我們自己之外的其他人，並且能夠廣泛地區分不同客群的使用者需求，這有助於我們做出更好的決策，最終提供更好的產品。

當然，這不是說人物角色就是一切的解方。也許在產品界，使用者角色可能成為一種將我們的假設和偏見編織成能夠真正造成危害的虛構故事，並且帶有未經檢查的「最佳實務」的權威。以下是一些小技巧，讓你不會掉入這些陷阱：

*確保你的人物角色是基於真實研究的*

> 我有一位朋友，是在美國一座中型城市裡執業的皮膚科醫生。最近我發現，他竟然是一位宇宙爵士樂手，曾經在舞台上穿著 Sun Ra 的披風表演。真實的人是如此複雜和令人驚奇的，如果你只是憑空想像，根據假設而不是真正的使用者目標、需求和行為來創造角色，那麼你很可能只是在創造刻

板印象而不是真正的角色。幾乎每位產品經理都有過在工作中遇到的最極端性別歧視、種族歧視、或其他深層次問題的角色的故事。事實上，當你的角色只基於人口統計學假設，而不是針對使用者目標、需求和行為時，你手上有的只是一些刻板印象。

### 定期更新你的角色定位

產品不斷變化，市場變來變去，人也一直在變。根據我的經驗，不會定期更新角色設定的團隊很可能根本就不會去更新角色。頻繁且有計畫地更新角色幾乎沒什麼風險；即使一輪充分的研究說服你保持角色不變，你也可以放心地繼續，相信這些角色是最新的。此外，你進行的新研究幾乎肯定會帶來其他有價值（而且新鮮！）的見解。

### 使用反人物角色來確定你不為誰設計

通常而言，製作廣泛的人物形象比製作具體的人物形象更能避免爭議，這意味著你可能最後會得到一組人物形象。整體而言，它們只是「每個人」的代表。對於真正希望專注於工作的團隊和組織來說，「反人物形象」，也就是我們不打算為之建立的人物綜合概況，可以成為一個強有力的推動力，讓生產力更具體化。例如，如果你正在為有抱負的小企業老闆「厄尼」的投資夢想開發一個新功能；同時間，你就要下定決心，不為規避風險、刻意避免管理費用的另一個小企業老闆「伯特」開發一樣的功能。

因為使用者角色扮演的缺點，現在有很多人提倡像「完成工作」這樣的替代方式，你可以在 Jim Kalbach 的書《The Jobs to Be Done Playbook》（Two Waves）中讀到更多關於這種方式的內容。不過，跟上述一樣的問題，像是把假設變成定律、讓你的工作陷入泥沼，還有範圍太過廣泛，都可能讓這類方法陷入危機。

---

## 「超級使用者」的魔力
## Jonathan Bertfield
## 產品經理，新創出版公司

當我們為作者開發觀眾吸引工具時，我們非常興奮可以拿到一些真實使用者的早期原型和模型。感覺我們似乎處於一個非常有利的位置：我們與出版界有很密切的關係，有一個備受崇敬的領導團隊，以及一個能夠為小而明確的使用者群解決實際問題的產品。

我們開始透過專業網站找人，並收到一些來自知名作者的回應，這讓我們深受鼓舞。這時社交媒體才剛起步，這些可是很早就在用推特和臉書等粉絲團的人。他們通常有自己的員工或團隊來管理他們的線上平台，並渴望能使用新工具。我們得到了一個明確的訊號，這個產品注定會成功。

然而，同時我們也開始聽到一些較低調的作者和出版界人士的明顯反對聲音。許多作者直截了當地告訴我們：「我不會這麼做的。」而許多出版界專業人士也告訴我們：「作者不會做你們期望他們去做的事情。」但我們不想聽到這樣的聲音；畢竟，我們有更多成功的作者對這個產品感興趣。我們相信，那些認為自己不需要這個產品的作者，在看到我們所提供的產品後，會改變他們的想法。

這個故事沒有一個快樂的結局：這次的創業失敗了。我們就是無法爭取到足夠的顧客。**我們只聽了那些已經成功的人，而他們並不是我們真正追求的目標客戶**。那些使用者明確地告訴我們，他們沒有時間、資源或理解去做我們想要他們做的事情。但我們選擇只聽那些想聽的話，當產品上市時，我們付出了代價。

---

## 產品與研究：從敵對關係變成最佳拍檔

在某些組織中，產品經理可能是唯一指定的「使用者代言人」。在其他組織中，產品經理可能與一群龐大的設計師和研究員合作，負責探索性訪談、開發使用者角色，以及監督可用性測試。理論上，產品經理和研究員應該緊密合作；畢竟，任何成功的產品都必須為使用者提供價值，而使用者研究是發現價值的關鍵工具。然而，在實務上，產品經理和研究員之間的關係往往更加緊張和具有爭議性。

產品經理必須在使用者需求、業務目標、執行階層的意願和交付時間等各種因素之間取得平衡，這使得「以使用者為中心」在實務上變得很有挑戰性，從研究人員的角度來看，這常常讓產品經理看似只追求最後期限而忽略了客戶的存在。

此外，當向產品經理提供了與他們已有計畫和承諾不太相符的使用者洞察時，他們無法總是做出良好的反應。以下是一些保持研究和產品更好協調的幾點建議。

冷靜勇敢面對各種限制

> 研究者常常向產品經理提供有價值的使用者見解，但這些想法往往讓產品經理視為「偏離策略」、「不可能」或「太晚了」，然後就沒有採取任何有意義的行動。這些拒絕通常是為了自保；當產品經理已經全心全力投入某個計畫時，任何質疑該計畫合理性的見解都可能視為威脅。
>
> 最厲害的產品經理不會輕易拒絕可能顛覆一切的見解，而是冷靜並勇敢地解釋他們工作的各種限制條件，並與研究人員合作探索找出這些限制條件中的機會。試著採取直接而開放的方式來面對，例如說：「非常感謝你與我分享這個見解。我明白這個見解可能會改變我們的方向，但我們已經承諾在下個月推出這個功能。你認為有什麼機會可以將你從我們的使用者那裡學到的知識，融入上市計畫中呢？」

### 別讓關鍵的見解埋在一堆投影片裡面

在商業環境中，許多有價值的洞察力往往在投影片中遭到忽視或低估，無法產生實質性的影響或改變。當研究人員和產品經理向我抱怨高層忽略洞見時，這些洞見通常被埋藏在一堆投影片中。如果一個洞見真的很重要，就直接提出來討論，並盡力向利害關係人解釋它如何幫助他們實現目標。我曾與一個研究團隊合作，在 Zoom 上每月舉行開放式的「洞見分享會」，以促進與廣泛的利害關係人直接合作。這個會議包括簡要回顧上個月的研究工作，然後開放式討論，探討如何啟動這個研究以及未來要優先考慮哪些新研究。隨著時間過去，這幾場會議不僅成為產品經理和研究人員合作的場合，還成為讓產品經理更理解其他產品經理的優先事項和目標的場所，方法是圍繞共同的使用者需求和洞見進行協調。

### 讓整個團隊大家一起玩

研究者老是猶豫要不要邀請產品經理參與他們的工作，因為他們擔心產品經理會問導向性問題、強推已經決定好的解決方案，或者做其他煩人的事情，這些事情在我經驗較少時也經常發生。同樣地，產品經理也常常猶豫要不要找工程師和設計師參與他們的使用者研究，因為他們擔心這些工程師和設計師會使用技術術語捍衛現有的工作，或者做出其他煩人的事情，這些事情在工程師和設計師累積經驗時很可能發生。與團隊一起研究可能會令人沮喪和耐心，但它有兩個好處：一是提升大家的研究技能，二是縮短使用者和實際構建解決方案的人之間的距離。積極參與使用者研究的人更有可能實際採用研究成果。

產品經理和研究人員經常處於使用者需求和商業目標之間的拉扯中掙扎。但是，你們越是密切合作，就越可能有效地解決這種緊張關係。一直保持開放、誠懇，請別把它當作私人問題。

## 摘要：說真的，你需要學習怎麼跟使用者聊天

正如這些例子所述，並不是每個產品經理都能輕易或自然地做到跟使用者聊天。發展「活在使用者的生活中」所需的技能，通常意味著要放棄一些成功管理內部利害關係人的特定行為。而且，這也意味著對任何人和任何事的開放好奇態度，有可能會幫助你從使用者角度看待這個世界。

## 你的檢查清單

- 與使用者聊天！
- 接受並認知與使用者聊天是一項需要時間來發展的真正技能。
- 請記住，與使用者溝通和應對利害關係人是不同的，需要不同的方法。
- 閱讀 Teresa Torres 的著作《Continuous Discovery Habits》（Product Talk）、Mark Hurst 的著作《Customers Included》（Creative Good）、Steve Portigal 的著作《Interviewing Users》（Rosenfeld）、Erika Hall 的著作《Just Enough Research》（A Book Apart）、Tomer Sharon 的著作《It's Our Research》（Morgan Kaufmann），以及其他任何可能幫助你提高研究技能的著作。
- 不要用你的專業知識來讓使用者留下印象，儘可能地為他們創造空間，讓他們向你解釋他們的現實，即使這感覺像是「裝傻」。
- 如果你的組織中有使用者研究人員，請跟他們聯絡，請他們協助你了解他們所使用的工具和方法。
- 在與使用者談論他們的經驗時，要問具體的例子來了解他們的想法，而不只是問個大概。

- 別讓使用者替你工作！盡你所能了解他們的需求，然後考慮最能滿足這些需求的特定產品和功能。
- 確保你的團隊使用的任何使用者角色（或「待辦事項」）都是基於實際研究，並定期更新。
- 不要將重要洞見放在讓人看了就眼神死的一大堆投影片裡面！
- 跟研究人員合作時，請心平氣和、具體地描述你所面臨的限制條件（如預算、期限和功能承諾），而不是排斥可能會破壞現有計畫的洞見。

7

# 談談「最佳實務」最讓人崩潰的事

當我在各種組織培訓產品經理時，他們通常第一個問的都是「最佳實務」。「Netflix 是怎麼做產品管理的？」「Google 如何區分產品經理和專案經理？」「我們可以做哪些事情才能確保我們的產品像頂尖公司那樣營運？」

這些都是很好的問題，問題的答案也都很有價值。但這些問題中常常隱含著一個不言而喻而且沒用的潛規則：「Netflix 是怎麼做產品管理的……如果我們跟他們做一樣的事情，我們肯定也會成為一間超棒的公司。」

這種思考邏輯的吸引力不難理解。考慮到產品管理工作的模糊性，從那些定義許多管理學科方面的公司尋求指導非常合理。

然而，這種想法的風險可就微妙了。專注於最佳做法，其實可能會讓在職的產品經理在下列三個方面更難成功了：

### 太專注最佳實務可能會讓人缺乏好奇心

把產品管理簡化為一套可重複的最佳實務，意味著希望消除所有混亂、不可預測和真正不可避免的人性複雜度，而這些都是產品經理在工作中必須應對的。過度依賴最佳實務的產品經理、對他們合作的人和產品缺乏好奇心、任何不符合最佳實務的人或事，都會對他們希望的「一刀切」成功方法構成威脅。

### 最佳實務給了一個童話故事般美好結局的虛假承諾

幾乎所有有關「最佳實務」的案例都有著像童話故事般的結果：「從此他們過著幸福快樂的日子」、「企業銷售高達數十億元」、「公司第四季的營收超越目標 700,000 美元」，或是「團隊實現了 100% 的敏捷框架接受度」。但在真實世界的組織裡，沒有所謂的「從此之後就過著幸福快樂的日子」。那些以數十億美元價格售出的企業，可能會被新的經營者徹底瓦解；超過營收目標的公司可能會在一年內倒閉；而實現了 100%採用敏捷框架的團隊，可能正在使用該框架所提供完全沒有價值的功能。日子還是要過，改變是不可避免的，完全沒有能一勞永逸的最佳實務方法。

### 最佳實務的神奇思維終將讓人傷心失望

最佳實務的最初對話往往充滿樂觀與期待，但這些最佳實務不可避免地會遭遇組織既有的習慣和節奏，很快就會演變成宿命論和挫敗感。為什麼這些最佳做法對我們沒有用？這是誰的錯？誰不理解？這些問題通常以嚴肅但毫無幫助的結論收場，例如「我們的組織太過階層化，不適合產品管理」或「其他部門沒有給予我們實施變革所需的支援」。結果，組織獨一無二的特質最終被視為阻礙變革的巨大障礙，而不是引導變革實施的方法。

雖然如此，但這並不是說應該完全避免談論最佳實務（畢竟，這本書都在說這個！）但重要的是要記住，任何公司的成功故事都包含許多因素，包括流程、人員、絕佳的運氣和時機等。在學習和交流最佳實務時，讓我們謹記一些重要的事情，以確保它們成為有價值的資源，而不是空洞的承諾。

## 別輕信吹捧的炒作言論

有時候，當我連續提問 X 公司怎麼在產品管理方面表現出色的問題時，我會請大家做個簡單的練習：

> 試著用五分鐘玩玩 *X* 公司的產品，然後把你認為明顯存在的問題和疑慮都列出來，想像如果你最後在那裡工作，這些是你想在第一天就解決的問題。

接下來我常聽到的話是「我能再多五分鐘嗎？」或者，如果讓他們面對面做這個練習：「你還有紙嗎？」這樣做的目的不是讓人們感到失望或挫折，也不是說「頂尖企業」就不會有顯而易見的產品缺陷，而是提醒人們，每家公司都有自身的政治鬥爭、資源約束和物流挑戰。不管你聽到多少關於谷歌的產品經理和他們開發者的故事，像他們的辦公室有吃不完的零食讓他們可以熬夜工作；也不要管臉書的產品經理能像新創公司一樣，只要他們想做，就可以隨心所欲地修改擁有十億用戶的程式碼。因為這些組織的產品經理在日常面對的挑戰，其實跟你的組織差不多。

老實說，大部分「最佳實務」企業的案例研究，都是為了招募宣傳。那邊正在爭取產品和工程人才的公司，很少會描繪出真實的工作環境，更不用說任何負面的描述了。如果你想更細膩、真實地了解人們如何運用「最佳實務」，請與你認識的產品經理交流。他們的故事可能更貼近你所面臨的挑戰，並且必定能提供更多關於選用工具和技術的潛在缺陷與限制的見解。

---

### 當你的公司「搞砸」時，應優先考慮產品、團隊和心情

**Rachel Dixon**

**媒體公司產品總監**

我剛踏入職場時，有幸加入了一個高度信任和高度合作的分散式產品團隊。我們一起承擔責任，共同解決問題，

能夠坦誠溝通，說出像「這個需求還有點不清楚」這樣的話，而不會有任何指責。我們有充分的授權與自主，我感覺自己是一個真正的產品經理。

當我轉到另一家公司擔任類似的職位時，我有些驚訝地發現情況完全不同。雖然我們共用同一個辦公室，但很少有合作機會。工程師被當作剪票員，而不是戰略合作夥伴。我們使用的工具也不同，而根據我的經驗，我強烈認為這些工具是「不對的工具」。總之，對我來說很明顯，這家公司根本不懂如何用「正確」的方式，進行產品開發或產品管理。

這讓我感到很大的壓力，而這種壓力對我造成了嚴重的影響。我發現自己與公司高層反覆討論，試圖改變他們對於產品開發的看法。但回想起來，這些事都沒有讓我們的產品更好、也沒有讓我們的團隊更強大。我花了太多時間抱怨組織，卻沒有花足夠的時間在組織內為我的團隊和使用者做好事情。

**如果我能回到過去，我會告訴自己「專注於產品、團隊和你的心理健康，別太擔心組織是否以『正確的方式』進行產品管理。」**在你的職業生涯中，可能會從充分授權的環境轉到受到較多限制的環境。有時你可能需要完全重建團隊的信任。甚至有時候，表面看似「升遷」，但實際上職權反而是降低的情況。偶爾迷失在低谷中是很自然的，但這往往就是產品管理的有趣之處。在你的職業生涯中，即使有時你覺得沒有發揮全部實力，你仍會發現自己產生了影響力。這些不完美的時刻已經過去了很久，你會看到自己的影響力，即使當時你並沒有感覺到自己有權力完全發揮。

# 愛上真實

不論我是跟新創公司首聘的產品經理交談，還是跨國大型企業的資深產品經理談話，很少會需要花費很多時間來討論到這點，即他們的公司並沒有真正運用正確的方式來進行產品管理，或在許多情況下，甚至根本沒有做「產品管理」。這種共同的抱怨有助於產品經理認識每家公司都有自己的難處，但也可能變成忿忿不平和癱瘓的自我正義。畢竟，如果連你的公司都不知道產品管理是在做什麼，為什麼還要浪費精神去嘗試呢？「最佳實務」很少能戰勝最好的藉口，而「我的公司就是不明白」就是最好的藉口。

老實說，每個組織都有一些固有的限制條件需要遵守。這些限制可能是由它們的商業模式、規模或領導人的態度和經驗所決定。越早承認和理解這些限制，就越能在其中發揮最佳的工作表現。認知到你所在的組織的固有限制條件不太可能會改變，或者至少你不太可能改變它們，這可以讓你重新將注意力集中在你和團隊可以為用戶提供價值的任何事情上。我開始認為這個過程是「愛上真實」。

我這裡有一個很有用的視覺隱喻（圖 7-1）可以參考：想像你的組織有地板和天花板。天花板的高度可能不符你的預期要求，讓你感到悶悶不樂，有點喘不過氣來。有時候，你可能覺得自己得蜷縮身體才能做本來應該可以輕鬆做的事情。因此，你決定集中精力提升天花板高度，讓自己有更多空間伸展雙腿，做出最好的工作。你開始努力推動組織以「正確的方式」製作產品，直到你的手臂痠痛，覺得累到不行。

那麼，這張圖片有什麼問題呢？你投入所有精神去提高天花板，卻忘了為使用者創造價值才是重點。儘管天花板高度不夠可能意味著，你無法如預期那樣快速或高效地提供價值給使用者，但在你完全受限之前，其實還有不少空間可以提供許多價值。

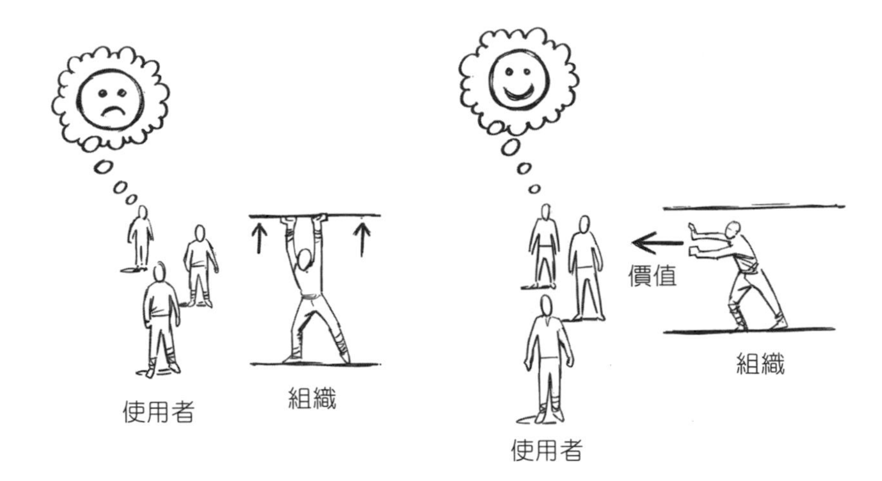


**圖 7-1** 推升公司的天花板，或在公司內部好好工作，為使用者提供價值，哪一種方式更有可能產生正面結果呢？

這並不是說永遠不值得挑戰組織的極限，或者應該毫無批判地接受約束和限制。但是，根據我的經驗，擴大約束和限制的最佳途徑是先在這些體制內做到最好。當你一直達到你能為你的企業和用戶完成的極限時，你就能更好地幫助他人理解和質疑這些限制。

最棒的部分是，一旦你愛上真實，產品管理的工作就變得容易許多。當你放棄「完美地」或「正確地」進行產品管理的想法，你就可以開始專注於如何在你自己獨特的情境和限制下，有效地進行產品管理（而且總是有限制的）。

## 實用的假想框架與模型

在產品生涯早期（包括本書的第一版），我發現自己對產品管理的一些基本工具、框架和概念完全不屑一顧，認為它們太過抽象、理論，不適用產品管理的現實狀況。我越愛產品管理的現實面，對任何感覺過於簡化的東西就越沒耐心。當人們問起一些常見的產品管理工具，比如商業模型畫布時，我會回答得很快，「是啊，在職的產品經理上次實際使用商業模型，從零開始構思出新的商業模型是什麼時候？」然後我給自己擊掌，接著繼續過著我的生活。

現在回想來看，這種防禦意識只會阻礙我成為更好的產品經理、教練或領導者。當然，我所認識在職的產品經理中，沒有人曾經使用商業模型畫布來完全從零開始發明新產品。但是，許多產品經理卻使用商業模型畫布中的概念，在產品創意會議之前進行思考和精進。同樣地，我所認識的在職產品經理中，沒有人告訴我他們的組織完全按照 Eric Ries 的《The Lean Starup》（簡稱 Currency）核心概念「最小可行產品」方法去實施。但是，許多人告訴我，圍繞「最小可行性產品」的討論，可以幫助他們的組織提出了一些非常重要的問題，例如他們從客戶身上學習的頻率，以及如何定義「做得夠好」。

最近，我發現將大多數產品管理框架和模型視為「有用的虛構」是有幫助的，這兩個詞都得到同等重視。「有用的虛構」這個概念來自虛構主義哲學派，維基百科（*https://oreil.ly/JpDZ8*）將其定義為「看似描述世界的陳述不應被理解為真實，而應理解為『使人相信』，假裝將某事當作真實（一個『有用的虛構』）。」你可以在 Stanford Encyclopedia of Philosophy（*https://oreil.ly/mazeG*）閱讀更多有關虛構主義的概念。

有了這個思維框架，你就可以省去詢問「這個框架或模型是否能準確地表現了產品管理的日常工作？」的麻煩。（劇透警告：答案始終是某個版本的「可能，有點兒。」）反而你可以從理解任何模型或框架都必然是虛構作品的角度出發，然後問：「這個虛構作品對我有什麼幫助？」這個問題幫助我與一些產品管理框架和模型建立了更為開放和富有成效的關係，我曾經很瞧不起這些框架和模型。例如，我發現「產品生命週期框架」這個虛構作品，對於引導一個通常不太容易進行的困難對話非常有用，那就是哪些產品和功能已經不再達到目標，需要從根本上重新評估。

當產品管理變得極為模糊和複雜時，有用的虛構故事可以幫助我們往前邁進。認識到它們其實是虛構的，可以幫助我們適應「最佳實務」，滿足團隊和組織的特定需求。

---

**小步驟進行擴充及系統化，創造更大的影響力**
**Jared Yee**
**政府機構產品經理**

我在私營企業和政府部門從事產品管理時，學到最重要的其中一件事情是：就算你在一個不按照標準程序做產品管理的組織工作，還是有可能尋求改進工作方式的空間。當你耐心且慷慨地帶領同事一起前進時，他們會開始明白總有前進的機會，就算遇到突如其來的挑戰，也可以安全地退一步。

以公家機關為例，不能發生一個人離開就導致整個事情崩潰的情況。這不是要你成為給政府帶來創新的有遠見英雄，而是要找方法來擴大和系統化每一個機會，以提升對民眾的服務。**從這個意義上講，看似簡單而明顯的步驟，實際上可以產生巨大的影響**。有時這就像製作一個範本化的內容管理系統，讓多個政府機構都可以通用。有時這就像與承包商合作，套用一套簡單的設計原則一樣簡單。速度和規模之間總是存在取捨，雖然在政府工作可能迫使你放慢腳步，但這些小步驟可以對許多人的生活產生明顯的影響。

一些產品人員會看著政府機構說：「他們做錯了！他沒有充分授權給團隊！他還在使用瀑布流（waterfall）的方式做事！」但如果你的遠大目標是建立真正有助於人的技術，那麼這些操作挑戰是值得細究與克服的。你可能無法總是按照自己的意願去做事，但你所能做的事情對人們的生活有意義且持久的影響。

---

## 你在這裡

根據你的團隊和組織，你可能正在遵循一個非常明確，而且詳細記錄「最佳實務」的產品開發流程，或者你可能是從頭開始，或者你可能認為自己是從零開始。在許多方面，缺乏正式程序本身也是一種程序。沒有正式結構的團隊通常會因為已經習慣於以某種方式做事而抗拒改變，就像有很多正式結構的團隊一樣。他們不想讓某些事情顛覆現狀。

無論你所在的企業是不是已經建立正式的產品開發流程，或是使用臨時的系統，我認為花時間坐下來，詳細研究你的公司目前如何開發產品對你會有所幫助。你如何決定下一步要做什麼呢？你如何估計某件事情需要多長時間？你如何將路線圖中的某些專案分解成可以完成的實際任務？你如何知道什麼時候要完成某件事情？

我常常要求和我一起工作的人拿起筆和紙，實際畫出他們目前的產品開發流程。這些圖畫（圖 7-2）可以揭露深刻而且未經過濾的觀察，這些觀察很難用言語表達，例如，代表主管的憤怒臉孔、工程師和設計師之間的巨大差異，或者明顯缺乏任何使用者或客戶。如果你和我一樣，害怕拿起筆在紙上做任何事情，只會在上面亂寫一些幾乎無法理解的文字，那我強烈推薦 Christina Wodtke 的好書《Pencil Me In》（Boxes & Arrows）。

即使貴司沒有使用正式的流程，也請建立一些視覺或文字形式來表達你們的合作模式，這將有助於向團隊傳達一個事實，即目前實際有一種方法可以完成工作，讓你更方便評估目前做法對達成目標的幫助和阻礙。只有在清楚知道自己位置和目標的情況下，才能對流程進行任何調整。

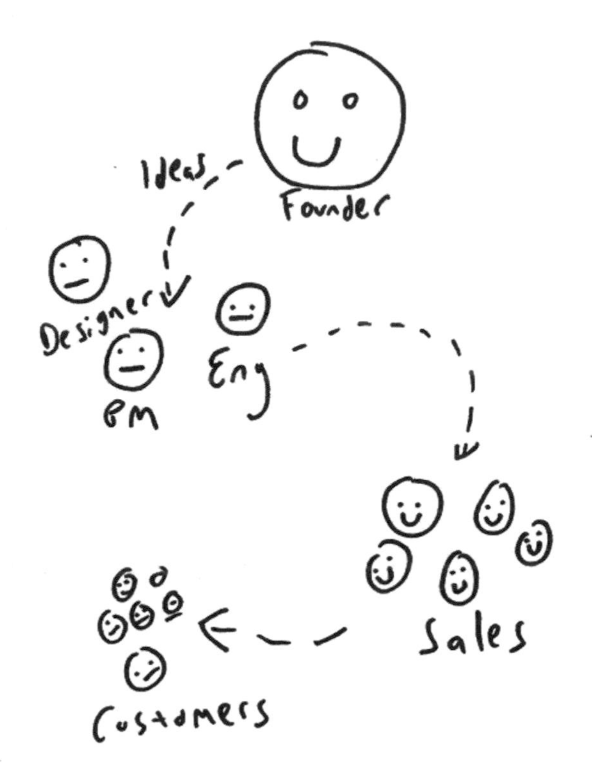


**圖 7-2** 一幅虛構的畫作，呈現一個沒有「流程」的產品團隊如何合作，這幅圖畫出自作者業餘之手。從這幅視覺傑作中，你能推斷出什麼？

## 你要解決什麼問題？

如果你希望「最佳實務」真的發揮作用，最好從組織的特定需求和目標出發，再來考慮哪些做法可能對實現這些目標有幫助。如果沒有這樣的方法，你就面臨著實施變革的風險，而人們熟知這種變革、會受到質疑和抵制，最後可能註定失敗。

當然，理解一系列複雜的人為問題需要時間，而且當產品經理在承受要迅速「拿出成果」的壓力時也是如此。這是一種不幸的趨勢，即加快採用與部署工具和框架。在我經常開玩笑的〈The Tools Don't Matter〉（*https://oreil.ly/PUblu*）這篇精彩的文章中，Ken Norton 提出了一系列問題，旨在讓談話從工具和框架轉向人為的潛在問題：

- 「你推薦使用哪些工具來製作路線圖？」→
  「你如何向內部和外部的受眾傳達未來的資訊？」
- 「你使用什麼工具實現產品願景？」→
  「你如何圍繞共同的未來願景來激勵你的團隊？」
- 「什麼才是追蹤 OKR 的最佳工具？」→
  「你如何決定並傳達哪些事情對公司重要，哪些不重要？」
- 「你推薦哪一種，Scrum 還是 Kanban ？」→
  「你如何決定建置哪些，以及不建置哪些產品？」
- 「你能推薦一種分享概念的線框工具嗎？」→
  「你如何傳達早期的產品創意呢？」

在與團隊和組織合作，以求更了解他們獨特的挑戰和機遇時，我發現從具體的例子開始有助於更好地回答這些問題。例如，一個特定團隊中的每個人對於如何決定做或不做什麼有強烈的意見。但是當你問：「在最近的計畫會議中，你們是如何決定要做什麼、不要做什麼？」時，你更有可能發現影響團隊實現目標能力的真正問題。

## 「但這在上一個地方行得通！」

當產品經理在不同的組織間轉換時，他們往往會從過去的公司中累積自己的一套「最佳實務」。這些最佳實務通常是產品經理在求職面試中講述的故事：「我們實施了這個新的敏捷流程，並且能夠達到下一年度的全部發布目標」，或者「我們開始設定嚴格的季度目標，因此能夠比預期更快地增加營收。」當產品經理在新的組織開始工作時，他們往往帶著這樣的期望：在上一家公司奏效的事情，在新的公司也同樣奏效。

這種期望忽略了一個現實，即所有「最佳做法」的成功或失敗都有其獨特的原因，這些原因與實施它們的組織有關。很可能，要讓這些最佳做法成為「最佳做法」，需要大量的試驗和錯誤。無論喜不喜歡，每個組織都需要試驗和錯誤、測試和學習、失敗和調整。

我見過產品經理犯的最大錯誤之一，就是一到新組織就試圖讓它像上一個組織一樣運作。他們一下子實施了太多變更，以至於無法觀察和測量每個單獨變更的效果。從整體上看，所有這些大幅度的新變化都會帶來大量新問題。

例如，假設你剛成為分散式團隊的產品副總，該團隊正努力建立信任和協調（這是你將在第 13 章中了解更多的挑戰）。在你與新任 CEO 的第一次對話中，她問你是否有任何想法，可以建立一個更健康、更協作的分散式產品團隊。你回想起前公司的經驗，你記得一年一度的面對面「產品高峰會」如何幫助那些習慣於透過視訊通話和聊天視窗溝通的人們建立起團結和友誼。為了展示你豐富的經驗並盡快產生影響，你提議在下一季安排類似的「產品高峰會」。你的 CEO 一直偏好親自進行產品規劃，並且僱用你的其中一個原因就是你有領導分散式團隊的經驗。

一個月後，你發出一封電子郵件宣布 COMPANYCO 大型產品高峰會，將在一個值得期待的五星級飯店舉行一週。你期望同事會把你當成救世主，因為他們從第一輪面談至今，一直對你抱怨狀況搞不清楚又累得要死。但沒想到，你收到的回應從沉默到憤怒都有。「感謝你的安排，但我認為下個季度我很忙，如果可以不去，我就不參加了。」「這是消耗預算最好的方式嗎？去年我被迫讓我最好的其中一個開發人員離職。」還有人問：「這是強制的嗎？無意冒犯，但我接下這份工作就是因為我不想出差。」有些人似乎有些興奮，有些人似乎感到沮喪，而大多數人則感到困惑和警惕。來自其他部門的高階主管怒發電子郵件給 CEO，詢問為什麼「產品管理」正在試圖進一步整合其權力和影響力，而這樣做還要犧牲市場推廣和銷售，這兩者已經被排除在關鍵的路線圖決策之外。你開始聽到一些傳聞，認為整個事情只是 CEO 的藉口，她老愛唸「懷念我們所有人一起解決問題的日子」，所以想要取消產品團隊的「任何地方都能工作」政策。總之，現在的情況真的是一團亂。

那麼，出了什麼問題呢？你發現了一個問題，提出一個在其他公司工作時用過的解決方案，並且還為超負荷工作的團隊提供一週的免費公司旅遊！但是在兩個公司之間，相同的症狀可能是由截然不同的疾病引起的，而對一種疾病的治療可能會使另一種疾病變得更糟。也許這個分散式團隊之所以掙扎，並不是因為缺乏面對面時間，而是因為目標和激勵的根本不一致。也許這裡的「在家工作」文化比你之前的公司還要新穎，也更脆弱。也許你現在必須非常小心地使用「產品管理」這個詞，因為這個公司裡的一些人聽到這個詞時，會特別地理解為「既不是市場行銷，也不是銷售」。

如果你不花時間真正了解你試圖解決的問題，那麼你實施的任何最佳實務都只是盲目嘗試。厲害的產品經理總是在開始實施或建議具體的最佳實務之前，會花時間了解組織的獨特之處。當他們開始實施這些最佳實務時，會從小做起、逐步建立。反之，最差的產品經理通常會在一連串的「最佳實務」未能實現承諾的結果時，指責同事。有趣的是，那些因為「這家公司的傻瓜不懂如何做事」而感到沮喪的產品經理，往往是在面試時抱怨過上一家公司很愚蠢的產品經理。將抽象的最佳實務置於與他們共事的人之上的產品經理，往往會一次又一次地重蹈覆轍。

---

## 一種緩慢而穩健的建立團隊流程方法
## Ashley S.
## 廣告技術公司產品管理總監

當我開始在一家蓬勃發展的廣告科技公司工作時，我巴不得將之前工作用過的最佳做法都應用到工作上。我充滿了熱情，準備馬上投入工作，把一群組織混亂但業績出色的本位英雄整合為一個真正的軟體產品團隊。但這個團隊似乎並不認同也不領情。他們承認有很多改善的空間，但是他們似乎對我所建議的改變深感懷疑，我才剛在前公司看過這些改變而已，究竟是怎麼回事？

我很幸運，我的團隊裡有人坐下來對我說：「這樣想吧：也許我們想從小處做起，看看什麼管用，然後再往前走。」這句話讓我豁然開朗，我意識到：「哇，我知道這樣會更好。」當時我滿懷熱情，想要讓事情變得更好，因此我準備展示我在上一家公司看到的所有成功案例。但現在一切都變了，團隊不同、需求不同、公司的溝通方式也不同。

因此，我沒有試圖把我在上一份工作中用過的方法搬過來依樣畫葫蘆，而是退後一步，試圖了解我們新公司溝通問題的來龍去脈。我和團隊一起找出需要改進的地方，以及可以採取哪些步驟來改善情況。我們逐步引入變革，根據成功和失敗不斷完善我們的方法。有一個「sprint」(衝刺)，我們會引入每日站立會議。下一個 sprint，我們會調整寫發布說明的方式。慢慢地，確定地，我們建立了一個流程，讓產品團隊協作並提供更好的產品。

當產品經理的你，有很大一部分的工作是試圖找出可行的方案，但當這些方案未能達到預期效果時，也要承受痛苦。一旦找到問題所在，就可以開始調整。**而這個過程不是一蹴可幾的，也不是逼迫團隊按照特定框架或流程進行工作。而是不斷迭代的過程，當遇到問題時找出原因，再嘗試其他方法的持續自我精進過程。**

---

## 與「厭惡流程」的人一起共事

正如本章前面討論的，根本不存在「沒有流程」這回事，但確實有人自稱為「厭惡流程」，或更具體和精確地說，「他們對那些看起來繁瑣或武斷的流程不感興趣」。產品經理常說這些人大多是工程師，但我也遇到過自稱討厭流程的設計師、行銷人員，甚至其他產品經理。

其實，對流程或「過多流程」的普遍反感通常是這樣的：找出你認為值得改變的事情，向一個團隊提出這個改變，然後這個團隊的一個或多個成員會列出一份令人信服的清單，包含你提出的改變將導致可怕事情的所有原因。（我曾經向團隊提出一個處理客戶經理新提出請求方式的微小改變，結果得到的回覆是，這個改變肯定會完全破壞我們的自治和自主權。）經過幾分鐘的爭論之後，你會發現放棄比較容易，然後帶著團隊的好意（希望如此）離開。你甚至可能會想：「嗯，反正我試過了，如果我的團隊成員不想讓事情變得更好，這就是他們的問題了。」

這個情境告訴我們，如果不採取防守的態度，就能得到更好的結果。如果你硬要「捍衛」你提出的流程變更，抵抗那些想「攻擊」它的人，就會落入對立的泥沼，而「繼續照舊做事」通常會讓人感覺更安全、更容易下定論。

以下是我在工作中使用的一些方法，對於那些會本能性的抵制或攻擊任何改變團隊合作方式的人，可以用更成功的方式引導，以便與他們共事：

**請最厭惡流程的人擔任你的早期顧問，讓他們來塑造你的想法**

如果你要給一個對流程有抗拒情緒的團隊提出改變建議，除非你已經跟那些討厭流程的人談過，並邀請他們來審查和塑造你的想法，不然你會自討苦吃。我喜歡在寫下任何明確文字或承諾使用特定語言和術語之前，先安排時間和這些人聊聊。雖然看似微不足道，但給某人機會塑造「最佳實務」的命名和框架，能讓他們感受到被重視和認同。

### 公開承認並記錄所有那些可能發生的可怕事情

當你處於守勢時，你的衝動可能是忽略同事的擔憂和顧慮，將其視為危言聳聽的瞎扯。但是當你公開面對這些擔憂和顧慮，你會發現你有很多東西要從中學習。畢竟，你同事的具體經驗總是與你不同。有可能跟你共事的某個人已經看到你最喜愛的「最佳實務」因某些原因失敗，而你尚未經歷過，理解這個原因將對你和你的團隊非常有幫助。透過與對過程不滿的早期顧問進行這些對話，我經常撰寫一個協作常見的問題解答，可以在其中記錄和公開解決團隊的擔憂。

### 將所有事情都當作實驗，而不是想當然爾的結果

要緩解團隊對共享流程變更的恐懼，其中一個最有效的方法就是承認在事情發生之前，沒人真的知道結果會怎樣。簡單地說：「沒錯，說不定會出現那種情況！讓我們把這當作實驗，幾週後再看效果如何。」這樣可以讓大家更安心地嘗試新事物。如果你的團隊在敏捷環境中工作並定期回顧（之後還會有更多討論），那麼你很可能已經預留了時間和空間一起評估這些實驗的成果。

### 把注意力放在「下一次」可以做的事上，而不是試圖在「這一次」做出改變

在產品開發的世界裡，壓力無處不在，不管是緊迫的截止日期、即將推出的產品，還是短期內要發生的其他事情。雖然改變進行中的工作流程很有吸引力——畢竟，有什麼比改善團隊現在正在做的事更有意義和影響力呢？但在大家急著把產品推出去的時候，你不太可能取得太大進展。我發現，放眼未來，思考下一個 sprint、發布或專案可以帶來什麼新想法，會更有效。

當你放下防守態度，讓討厭流程的人成為合作夥伴共同應對團隊挑戰時，你可能會驚訝地發現他們的洞察力和經驗有多大的幫助。那些曾經看似對你精心策劃的計畫造成威脅的擔憂和假設，反而可能會幫助你的團隊避免一些你從未想過要考慮的失誤。

## 最佳實務的絕妙招式

最佳實務有一個特別重要的地方，它可以當作組織進行積極變革的關鍵第一步：因為最佳實務通常帶有受人尊敬的組織權威光環，所以更容易使人們願意嘗試。只是說「讓我們試試這個奇怪的方法，我們在這一季訂下三到五個目標，然後評估一些事情，並將我們評估的事情稱為『結果』，雖然其實比較像是『指標』，」可能也不會讓你有太大的進展。但是說「讓我們試試他們的目標和關鍵結果（OKR）框架，這個框架在 Google 已經非常成功」，這樣聽起來會很有說服力。

## 摘要：起點，而非保證

請記住：最佳實務是一個起點，而不是成功的保證。要密切關注對你有用的事情，以及可以改進和精進的地方。最重要的是，請牢記你使用任何最佳實務的目標，以便你清楚地了解「工作」的含義。

## 你的檢查清單

- 將最佳實務視為一個起點，而不是一成不變的「標準」解決方案。
- 問問自己，特定的最佳實務如何幫助團隊為公司及用戶創造價值，而不僅是改變工作方式。
- 如果你想知道一家公司的產品管理方法，可以詢問曾在該公司工作過的人。

- 在急於實施任何特定最佳實務之前，請花些時間真正了解公司的目標與需求。
- 遇到抽象的框架或最佳實務時，請將其視為「有用的虛構故事」，並問「這個虛構故事對我們的團隊在這個特定時刻有什麼用處？」
- 將與工具和框架相關的問題轉化為更廣泛、以結果為導向的問題，然後從最近的具體例子開始回答這些問題。
- 使用「慢慢來，穩住陣腳」的方法來實施最佳實務，這樣你就能一步一腳印地檢驗和衡量每個改變帶來的影響。
- 別一心只想解決那些你遇過的問題，還是專注解決對你團隊和用戶有最大影響的那些問題吧。
- 趁早找到團隊裡那些「不喜歡流程」的夥伴，一起公開地討論和記錄彼此的恐懼和擔憂。
- 把所有新的最佳實務當成有時效的「試驗品」，而非一成不變的改變。
- 放開眼界，專注於未來的改變，而不是硬要調整正在進行的工作。
- 利用最佳實務那「公司光環」的魅力來推動大家嘗試新事物，但也要隨時準備好根據有效和無效的做法，調整前進的方向。

8

# 敏捷開發的美好與痛苦真相

首先，向你們這些拿起這本書直接跳到這一章的人表示熱烈和衷心的問候。對於許多產品經理來說，掌握敏捷流程的精妙之處看起來就像解世界難題，特別是那些職務說明更傾向於 scrum master 或 Agile 產品負責人的人。有大量的書籍、手冊和引導指南可以幫助你實現所選擇的敏捷框架，無論它是 Scrum、XP 還是 SAFe 或 LeSS 等可擴充的框架。

然而，這本書跟那些書不同。無論你如何以正統、規範的和按部就班地實施 Agile，你都無法處理產品管理的人為複雜性。無論你是不是使用 Agile 流程和慣例，都必須打好關係、溝通和合作。敏捷開發的美妙之處在於，它是建立在一系列價值觀基礎上的，而這些價值觀可鞏固和加強產品管理的互連工作。而最讓人崩潰的是，實現這些價值觀的工作永無止境，必須不斷反思與完善。

本章要介紹的重點是策略和方法，幫助你成功地實施敏捷範疇下的各種做法、流程和框架。即使你現在不是在一個已選擇敏捷模式運作的團隊或組織工作，本章也能幫你把敏捷運動中的最佳理念植入你所在的非敏捷環境。

## 揭開三個常見的敏捷開發迷思

過去 20 年來，「敏捷開發」這個詞從一個軟體開發高手之間的戰術區別，變成了商業術語中必談的一部分。在我們探討敏捷開發的歷史及如何運用它的核心價值和原則之前，先讓我們來揭露幾個關於敏捷開發的常見迷思和誤解：

*敏捷開發是一種嚴格的、規範化的方法*

有趣的是，敏捷開發從來就不是一個方法。正如我們接下來要聊的，敏捷開發是一個運動，起源於使用各種軟體開發框架和方法的高手聚在一起探討他們的共同價值觀。許多所謂的「實施敏捷開發」做法，其實和這些價值觀背道而馳。

*敏捷開發是一種更快速地完成更多工作的方式*

我經常聽到在會議上，高層主管把敏捷開發描述成「提高我們的產出」或「更快地完成工作」的方法。如果我能收集那些經驗豐富的工程師在這些會議上的表情，我會很樂意把它們當作這一章的全部內容，然後就此收工。敏捷不是做得更多、或是更快的問題，而是工作方式不同的問題。事實上，遵循敏捷開發的核心價值觀通常意味著，至少要暫時放慢腳步，思考我們目前的工作方式以及如何才能做得更好。

*貴組織所使用的敏捷開發框架/方法，決定了你作為產品經理的工作形態（通常也會受到影響）*

不同的敏捷方法和框架通常有不同的名字、團隊結構和日常做事方式。但就像我們在第 1 章講過的，沒有任何頭銜或職位描述能精確解決產品工作的模糊地帶。雖然我們用的特定框架可能會改變日常作業，但它絕對不會減輕我們對業務和使用者創造價值的責任，即使當我們的公司似乎更在乎「正確地實施敏捷開發」，而不是真正去做對的事情。

## 敏捷開發宣言

2001 年，17 位軟體開發達人在猶他州的滑雪勝地相聚，討論當時那種「以文件為主導、繁重的軟體開發流程」替代方案。敏捷運動就此誕生，最後產生了〈敏捷宣言〉（*https://oreil.ly/hsYOO*），全文如下：

> 我們透過實務和協助他人實踐，不斷探索軟體開發的更好方式。在這個過程中，我們珍視以下價值：
>
> 重視**人與互動**，而不是流程和工具。
>
> 以**能運作的軟體**為主，而不是詳盡的文件說明。
>
> **和客戶一起合作**，而不是只在合約議價上談判。
>
> **適應變化**，而不是拘泥於計畫。
>
> 也就是說，雖然上述的句子裡，後句的項目也是有價值，但我們比較重視前句的價值。

這份宣言值得好好研讀。我曾經多次把它貼在我的辦公桌上，好和我與團隊 一起探索敏捷原則和實踐。基本上，敏捷不是遵循一套固定的規則，而是設計和實施符合一組價值觀的實踐，這些價值觀的核心是擁抱人的獨特性和複雜性。真正重視個人意味著超越頭銜和組織結構圖，了解與你共事的實際人員。流程和工具可以幫助促進我們與這些人的聯繫，但無法取代這種聯繫。

值得一提的是，〈敏捷宣言〉序言清楚表明，作者們在探索更好的軟體開發方式，而不是已經找到了，現在才慷慨地分享給我們這些不太明白的人。事實上，我們這些開發軟體和幫助他人開發軟體的人（後者可以說是產品管理的標準定義），都積極參與發現新的、更好的工作方式，而不是被動地接受二十年前某個滑雪週末想到的神聖啟示。

## 從宣言到怪獸

那些在敏捷軟體開發和「敏捷商業轉型」領域費了好大工夫的人，可能會注意到〈敏捷宣言〉諷刺地強調「人與互動勝過流程與工具」。自從〈敏捷宣言〉簽署以來，敏捷生態系統變成了一個令人眼花撩亂的洛夫克拉夫特風格[譯註 2]的大漩渦，包括各種框架、實踐、工具和認證。很多〈敏捷宣言〉的簽署者也深感這種諷刺。2015 年，簽署者 Andy Hunt 寫了一篇叫〈The Failure of Agile〉（*https://oreil.ly/HuwWb*）的部落格文章，講述了他對一系列振奮人心的理念，如何變成一套違背核心價值觀的強制性意識形態的看法。

> 自〈敏捷宣言〉發表以來的 *14* 年中，我們已經迷失了方向。「敏捷」這個詞已經變成了口號，最好的情況是毫無意義，最壞的情況是沙文主義。我們有大量的人在做「軟弱的敏捷」，只是半吊子地嘗試遵循一些精選的軟體開發實踐，但效果並不好。我們有許多激進的敏捷狂熱分子，根據定義，狂熱分子是在忘記目標後加倍努力的人。最糟糕的是，敏捷方法本身並不敏捷。這真是諷刺。

Hunt 接著解釋為什麼他認為敏捷方法論被誤解得如此嚴重：

> 敏捷方法要求從業者多想想，老實說，這很難推廣。只要簡單遵守給出的規則，並聲稱「照著書做」，這樣做起事來輕鬆多了。這很簡單，不會受到嘲笑或指責，你不會因此遭解僱。雖然我們可能會公開指責這些規則太狹隘，但這裡還是安全和舒適的地方。可是，當然，要成為敏捷或有效的從業者，並不代表著舒適。

---

譯註 2　洛夫克拉夫特風格通常以黑暗、恐怖、懸疑和無力感為特色，而且強調宇宙的無情與人類無知之間的對比。

我分享這些資訊的目的，並不是要堅持「我比較喜歡敏捷的第一張專輯」，而是要指出，即使是想出這些東西的人也很清楚，單純「套用敏捷」並不能保證成功。我們再次回到首要指導原則：清楚勝於舒適。永遠值得牢記的是，清楚並不意味著絕對堅定的確定性。實現和保持清楚是一項持續的、困難的、有時甚至是非常不舒服的工作。在最好的情況下，敏捷能幫我們提供一種評估和保護這項工作的方法。但是如果我們只是為了確定性、絕對主義、「正確的做事方式」而不考慮所涉及的具體個人，那麼敏捷就無法幫我們走得長遠。

## 重拾 Alistair Cockburn 的「敏捷之心」

敏捷「口號化」的悲劇在於，很多敏捷軟體開發中的做法真的能幫我們實現它所說的價值觀。〈敏捷宣言〉的另一位簽署者 Alistair Cockburn 針對現代敏捷變得「過度裝飾」的情況作出回應，他把整個敏捷實踐和流程精簡成四個「敏捷核心」行動（*https://oreil.ly/sUyhQ*）：

- 合作
- 交付
- 反思
- 改善

Cockburn 解釋了這四個行動的簡潔性，讓現代敏捷實踐中充滿專業術語的部分相形見絀：

> 這四點的好處在於，它們不需要太多解釋跟教學。除了「反思」這個在當今社會幾乎有點落伍，其他三點是廣為人知的。你想知道自己有沒有做到，簡單來說，就是看「合作、交付、反思、改善」。大部分的時間，你只要說出這幾點，該做的事情就差不多搞定了。

這四點就像是橋梁，把〈敏捷宣言〉的價值觀連結到特定敏捷框架和方法的實踐。它們深入到真正讓敏捷方法與其他工作方式不同的核心，不管這些工作方式稱為「敏捷」、「瀑布」或是新型混合體。最重要的是，它們給團隊一個簡單易懂的提示，讓他們評估自己是不是真的符合敏捷運動的基本原則。

說到敏捷，尤其是 Cockburn 的「敏捷之心」，我最愛的就是它自帶成功藍圖。只要你認真花時間反思和改進，不管你從哪裡出發，最後都能達到更好的地方。我看過很多組織在實施任何類型的敏捷過程時，一路狂飆導致最後翻車，他們採用了某個框架或一組實務，然後當它不能完美運作時，就一蹶不振。如果按照 Cockburn 的做法，你沒有花時間反思自己的工作方式，並改進那些沒效的地方，那麼任何敏捷實務都會陷入泥沼、失去效力，最終失敗。

## 敏捷和「常識的私有化」

我讀過不少關於敏捷的書，但讓我眼睛為之一亮的竟然和敏捷無關，而是在一本講述醫學騙術史的書裡。記者 Ben Goldacre 在他的書《Farrar, Straus, and Giroux》裡，提到一個他稱作「常識私有化」的概念：

> 比如說，你可以採取很明智的措施，像是喝杯水休息一下，但如果加點魔法詞彙讓它聽起來更專業，顯得自己很厲害，這樣就能增強安慰劑效應。不過你可能會懷疑背後的目的是不是更為冷酷、更為有利可圖：把常識專利化、獨特化，然後擁有所有權。

換句話說，那些告訴人們要多喝水、定期運動的書籍並不好賣，同樣地，許多告訴產品團隊更頻繁調整方向、更緊密合作的諮詢時間也不好賣。

關於敏捷的精髓，也就是為何我對像 Cockburn 那種簡單明瞭的方法情有獨鍾，原因在於它告訴我們要做的大部分都是常識。想改變團隊的工作模式，就要一起反思並做出改變；想讓你的使用者得到更多價值，就要更頻繁地交付可運作的軟體。

同理，敏捷行不通的原因，通常與常識有關，而不是框架間的細微差別。對於習慣控制和可預測性的高階主管來說，「回應變化勝過遵守計畫」這個概念可能會讓人不安。對於習慣在很少日常監督下完成大型專案的團隊而言，頻繁發布可能看似不切實際。這些都是人性問題，坦率且不拘泥於教條地討論這些問題，總比責備別人「不懂」更能達成目標。

---

**從瀑布式到敏捷的過渡時期，要調整好心態**
**Noah Harlan**
**Two Bulls 創辦人兼合夥人**
**（*https://www.twobulls.com*）**

在我們擁抱敏捷之前，我們的工作模式是基於「瀑布式」，每個專案都從那些龐大的 Excel 表格開始，列出要做的每個功能。這樣一來，客戶在專案一開始時就會感覺良好。一切都顯得那麼明確，那麼有限：「在四個月之後，我們的產品就到手了，而且我們清楚地知道它會是怎麼樣的產品！」對於一些大型產品來說，這個期限甚至可能長達一兩年。但在一兩年，甚至一個月內，很多事情都會改變，競爭對手變了，技術變了，監管環境也變了。蘋果可能會推出新的 iOS（讓你剛完成並剛上市的產品變得一團糟）。當你在現實世界中打造產品時，這種舒適感和確定性自然會減弱。

採用敏捷實踐意味著，我們跟客戶的初始對話得有大幅改變。與其跟客戶計較他們的預算能做多少功能，不如告訴他們，我們將從某個特定路徑開始，他們可以追蹤我們的進度，每兩週向他們展示成果，並允許他們跟我們一起在產品成型時修改、增加或刪減功能。我們常常得到這樣的回答：「好啊，但是要花多少錢？我什麼時候能拿到？」一開始，我們真的很難回答這些問題。但經過多年的敏捷實踐，我們對於在特定時間內能完成哪些工作有了更清晰的認識，並且能在這過程中提供一些保障。使用敏捷開發，你可以不斷改善和探索估算速度和實際工作之間的差距，這實際上比一開始就試圖完全預測要有效得多（圖 8-1）。

使用敏捷開發，我們的團隊感覺就像你的團隊。隨著專案的進行，我們的利益越來越綁在一起。在敏捷開發中，你的成功和產品的持續發展最大化了我們的利潤，但瀑布式專案結束時，我們卻得想方設法限制你能加入的事物數量，還得小心保固期，以維持利潤。**雖然瀑布式專案在一開始可能讓你的客戶有種很迷人的確定感，但實際上卻把你帶上了一條對立的道路**。使用敏捷開發，我們能更緊密地和客戶合作，交付更優質的產品。

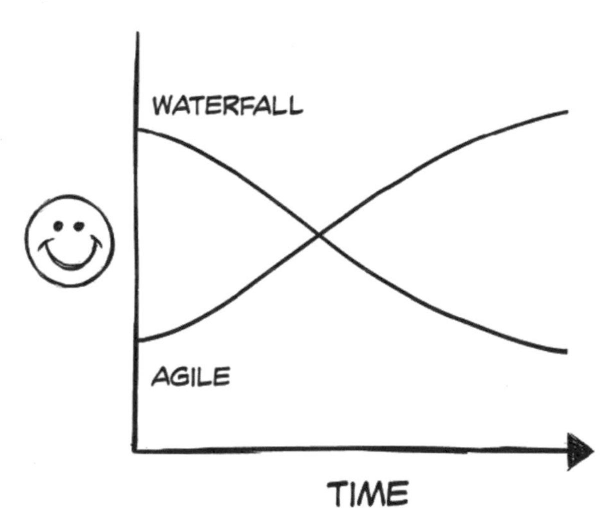


**圖 8-1** 隨著時間推移，敏捷和瀑布式專案的幸福感差異。

# 敏捷開發做得「對」卻變得更糟糕？

產品經理對於團隊和組織所使用的敏捷框架、方法和實踐，可能根據他們的角色具有不同程度的授權。但要記住，反思和改進敏捷實踐本身就是一種敏捷行為。即使你覺得自己只是敏捷開發的被動實踐者，確保團隊良好合作始終是你工作的一部分。

幸運的是，大部分敏捷方法和框架都有一個儀式，就是要幫助你做到這一點：「回顧」。團隊在回顧中反思彼此的合作方式，並承諾持續改進。關於如何進行有效回顧的書籍有很多，我強烈推薦從 Esther Derby 和 Diana Larsen 的《Agile Retrospectives: Making Good Teams Great》（Pragmatic Bookshelf）這本書開始。

理論上來說，討論團隊做得好的地方和做得不好的地方應該是輕而易舉的。但是實際上，我驚訝地發現，包括我自己的團隊在內，有很多團隊一開始就沒討論「做得好」的標準，只是「我們有照著敏捷的模式在做事」。不管你是不是把這些討論放進正式的回顧裡，我發現用以下兩個問題討論特定敏捷儀式或習慣都是好的開始：

- 這個特定的敏捷儀式或方法的目標是什麼？
- 從 1 到 10 的評分上，我們認為這個儀式或方法達到了多少目標的程度？

我經常使用第二個問題「Scrum poker」[譯註 3] 的方式，要求團隊中的每個人私下寫下自己的答案，然後在數到 10 時與小組分享他們的答案。這種方法可以最大幅度地減少了從眾思維，還經常能找出相當令人驚訝的答案，特別像是在每日站立會議這樣的儀式中，這些儀式對接收訊息的人而言，比報告訊息的人更有幫助。

---

譯註 3 Scrum poker 可以讓團隊避免極端估算，並更能理解每個工作的複雜度與投入所需時間。有助於制定合理工作計畫、提高工作可預測性和團隊效率。

不出所料，問某個敏捷儀式的「為什麼」可能會引發一連串的麻煩事。我曾和一位金融服務公司的產品經理合作，他的主要職責是維護和「梳理」使用者故事的待辦事項清單（簡單敘述團隊如何為用戶打造能帶來價值的事物）。可是隨著時間過去，這位產品經理開始懷疑，這些待辦事項變成了一堆過時、以公司為中心、沒經過測試的垃圾想法。當然，團隊還是在寫使用者故事，但故事變得越來越像高層主管授權的、長達數年的專案計畫，而不是真正用戶問題的描述，這正是團隊想擺脫的。

這幾個月來，產品經理越來越煩惱，終於問了團隊：「嘿，你們覺得這些一直累積的工作真的有助於讓我們更專注在用戶上嗎？」結果設計師和工程師傻眼了。他們敢說出心中所想嗎？他們敢質疑自己用的敏捷框架的正統性嗎？這位產品經理是警察來臥底的嗎？（他得告訴他們他是不是警察啊！）覺得團隊需要立即採取果斷行動，這位產品經理就把團隊積壓的工作給取消了，並宣布：「如果沒有從用戶那裡得到這方面的資訊，我們就別再浪費任何一秒鐘在上面了。」

我得說，這種極端的做法不一定總是可行或適當。但是，如果你想讓團隊真正感受到責任和對協作方式的掌控，抽出時間來回顧並偶爾提出這些貌似禁忌的問題非常重要。我看過很多產品經理要嘛對回顧半途而廢，不然就是乾脆忽略它，因為它似乎和實際開發軟體無關。通常，這是因為團隊收到指令「在更短的時間內完成更多的事」，所以任何不涉及寫程式碼的事情都認為是沒用的。短期內這或許看似合理，但長遠來看，後果嚴重。不花時間反思和改進流程，你可能會因為虛假的儀式和例行公事而搞垮團隊的士氣，而這些儀式和例行公事對你的業務或用戶最終沒有帶來任何價值。

## 有時候，在執行敏捷方法時，「不按牌理出牌」反倒能讓事情變得更好

因此，你已經意識到，只照著書上那些敏捷方法去做，可能會導致團隊偏離目標，或無法完全達成共同目標。恭喜！每當你發現你嘗試做的事情與實際發生的事情之間存在特定、可識別的脫節時，你就又發現了一個改進團隊合作方式的機會。

比如說，我曾和很多團隊合作過，他們發現 —— 就像我們剛才講的那個產品經理一樣 —— 他們寫的「使用者故事」根本無法讓他們和使用者真正地交流或學習。不同團隊採用不同的方法來解決這個問題。有些團隊開始要求每個使用者故事都附上使用者訪談或研究報告的連結。有些團隊決定讓整個團隊一起寫使用者故事，而且在訪談後立刻寫。（我強烈推薦大家去看看 Teresa Torres 的《Continuous Discovery Habits》，進一步了解產品團隊如何一起進行探索訪談。）有些團隊最後意識到，使用者故事的格式不適合他們目前的工作，於是他們選擇用不同的方式來記錄計畫中的工作。

當你要改變團隊的敏捷實踐和儀式時，我發現記錄改變的原因、改變本身的性質和改變的預期目標非常有幫助。我建議你建立一個簡單的模板來記錄這些改變，其中可能包括以下提示：

- 我們一直在進行以下敏捷實踐或儀式：
- 之所以這麼做，是因為我們認為它能幫助我們達到以下目標：
- 但實際情況卻是這樣的：
- 所以呢，下個工作週期，我們打算這樣調整：
- 希望這次的改變能幫助我們以下列方式實現目標：

這個範本讓你有機會把跟團隊共同目標有關的改變串在一起。它也讓你清楚追蹤你認為新的實踐或儀式會有什麼效果，以及在實際操作時會有什麼差異。這個範本也說明了，任何敏捷實踐

或儀式都不可能完全照計畫進行，還能為你創造空間來不斷評估方法。

當你踏上持續改進的旅程時，你可能會發現自己改變了一些讓你覺得敏捷軟體開發不可動搖的正統觀念。這是完全正常的。我和每個共事過的產品經理都曾對敏捷方法中的某些儀式，比如每日站立會議或使用者故事的撰寫，做過重大調整。我們的座右銘是：活在使用者的現實生活中。使用者不知道也不在乎我們有沒有遵守敏捷方法的規則，或者待辦事項管理得好不好。如果我們的做事方式無法幫助我們為使用者帶來更好的成果，那就不該受這些做法所拘束。

---

### 取消每日站立會議
### A.J.
### 產品經理，企業分析新創公司

當我剛當上產品經理時，我對敏捷流程一竅不通。但隨著公司壯大，我們過去用的簡易產品製作流程明顯不夠用了。我讀了一些關於敏捷和 Scrum 的書，還跟公司裡有敏捷開發經驗的開發者請教。

每本書和每個人好像都認同一件事，就是我們得辦個叫「每日站立會議」的活動。對那些沒有從事過敏捷軟體開發的人來說，這是一個每天開始時，產品開發團隊中的每個人都站起來說明他們自上次站立會議以來完成了什麼、正在進行什麼以及目前遇到了什麼問題的會議。因此，作為建立敏捷流程的第一步，我開始每天與我的團隊舉行每日站立會議。

這些會議有點像小學生讀報告一樣，大家都不情願地站起來，念著一份他們做過的事情清單。我跟一個開發人員共事，他把每日站立會議稱為「你最近幫公司做了啥？」的會議。我知道這些會議搞砸了，但我不知道該怎麼辦。每個人都認為得每天站著才能「玩敏捷」。身為新手產品經理，我當然不敢認為自己比別人更懂。

我的團隊中有一位開發人員對每日站立會議特別反感。他經常遲到，翻白眼，整體上對此感到痛苦。諷刺的是，正是這位開發人員讓我有勇氣重新評估站立會議是否適合我們的團隊。在一個特別無聊的星期一站立會議上，他說他因為某事「從上週五下午開始」就被卡住了。卡住他的開發人員真誠地問道：「你為什麼不告訴我？」他回答說：「我等著在站立會議提出，不然開這個會要做什麼。」

那次的交流讓我頓悟了，每日站立會議實際上與其原本目的背道而馳。而且，它讓我明白，我從未花時間與我的團隊討論它的目的。**原本應該幫忙解決問題的會議，實際上卻變成讓工作卡住的藉口**。在與團隊討論後，我們決定取消每日站立會議；如果再有人工作卡住，他們要做的就是馬上在團隊聊天室裡面提出他們卡住的原因。這不是「照本宣科」的敏捷，但它最終達到了「照本宣科」實踐無法為我們特定團隊做到的事情。

---

## 我再也不想聽到的七個敏捷相關對話

過去十年，我浪費了無數時間，在那些沒窗戶的會議室裡，跟一臉愁容的人在敏捷開發上吵來吵去。我無法找回那些時間，但我可以分享這些對話給你們，希望你們能縮短這些對話，繼續過你們的生活：

### 「在敏捷框架下工作的產品經理根本不是真正的產品經理！」

隨著越來越多企業採用規模化敏捷框架，我聽到越來越多人將在這些框架中工作的產品經理稱為「掛名專案經理」、「不做策略工作」，甚至「不算是產品經理」。我討厭這些說法，不只因為它讓那些產品經理有藉口做瑕疵的工作並怪罪框架，也因為我見過專案經理、規劃經理等被認為是「非策略性」角色的人們做出了非常有價值、重要且具策略性的工作。

「我們無法真正實行敏捷，因為我們所處的行業受到監管／我們是企業／我們是新創公司／我們規模太大／我們規模太小。」

老實說，我總是想回歸敏捷開發的初衷，因為它（希望）能幫我們簡化那些充滿廢話的對話。哪怕我們無法真的搞出網路上那些花俏的敏捷流程圖，我們還能找到其他哪些機會來合作、交付、反思和改善呢？只要你信奉敏捷運動的基本原則，那麼總能找到前進的路。（有時候，為了避免對話裡的包袱，別直接提「敏捷」這詞兒，反而能更容易傳達這些原則。）

「即使（做為敏捷儀式的一部分，意思是敏捷框架的一部分）對你來說沒有幫助，你也無法改變它，或者你確實不再做（敏捷框架）。」

要是獨角獸沒角了，那它還是獨角獸嗎？要是飛馬不能飛了，那它還是飛馬嗎？這些都是虛構的東西，所以我不能接受讓一個團隊繼續做那些在現實生活中造成傷害的虛構事情這種想法。

「敏捷已經過時了！我們需要一個新的〈敏捷宣言〉。或者我們必須將其重新定位為［你的名詞］宣言！」

相信我，我之前已經深入研究過這個問題了。（如果我曾經對「我們真正需要的是彈性組織」這個話題一直碎碎念，我在此道歉。）但是事實是：任何一套足夠流行、足以挑戰現狀的思想最終都會被現狀所吸收。如果「下一個大事」像敏捷開發一樣受到歡迎，我們就會再次說需要「下一個大事」。不過，我絕對支持任何團隊或組織選擇重寫〈敏捷宣言〉，以滿足他們自己的特定需求或反映他們自己獨特的觀點。因為你們正在「開發軟體……並幫助他人開發軟體」，所以這也是你們的宣言。

「敏捷認證真是太蠢了。」

我發現（不幸的是，我也深陷其中）科技業的老鳥總愛瞧不起證照和求證照的人。在這運動裡，幾十個字都在談變革的必要性，那麼要「認證」的想法或許有點荒謬。但尋求證照的人表現出真實的興趣，並且已經做出認真學習的承諾，這樣看，難以認為這是負面的。

「敏捷真是太糟糕了！來討論一下敏捷有多可怕吧！」

假設敏捷技術會讓事情變得更糟，這跟假設敏捷技術會讓事情變得更好一樣，都不是那麼微妙或有幫助。雖然可能這章內容沒顯示出來，但對我來說，即使是抨擊「假敏捷」，在過去幾年也失去了一些吸引力。我們越少把正面或負面歸因於被稱為「敏捷」的這些廣泛而荒謬的事物，我們就給自己更多空間（和責任）來實際讓這些東西發揮作用。

是的，敏捷的廣闊世界可能讓人感到不知所措，並且可能引發一些真正令人火大、無止盡和無意義的辯論。至少，我希望你能承認，這些辯論對你們團隊的工作品質沒什麼實質影響啦。（或者，下次討論敏捷細節時，至少能提個跟獨角獸有關的厲害問題呢！）

## 摘要：在這裡也存在模糊不清的情況

敏捷一看就是一大堆框架、方法和「最佳做法」，感覺就是要把標準化推到充滿不確定的角色。可是啊，敏捷的本質就是學會尊重和擁抱獨特性，個人的獨特、互動的獨特，還有那些讓你偏離最好的計畫、進入未知世界的曲線球。

## 你的檢查清單

- 避免在敏捷開發中使用含糊和誤導性的術語，明確說明你的意圖和目的。
- 花些時間消化（和社交）敏捷運動的核心價值觀和原則，記住你是推動此運動前進的積極參與者。
- 跟團隊一起留點時間和空間回顧，就算很忙也要擠出時間！
- 確保團隊知道採用敏捷實務背後的目的，還要定期檢討有沒有達到。
- 變更流程時要記錄，明確讓大家知道在做什麼、為什麼要這樣做。
- 別讓以使用者為中心的敏捷儀式取代跟使用者真正交流。
- 請記住，遵循敏捷框架的規則並不能保證你正在為你的業務或客戶提供價值。
- 別想從敏捷框架中找到對角色清楚且明確的定義；要記住，產品工作總是帶點模稜兩可的不確定性。
- 警惕任何宣稱某個特定架構或實踐「永遠是好的」或「永遠是壞的」的聲明。
- 如果你覺得你的組織對敏捷開發變得過於熱衷，可以隨時列印出一大堆由撰寫〈敏捷宣言〉的人所寫的部落格文章，描述對敏捷的狂熱，如何使他們所發起的運動失去了原本的方向。

9

# 文件無盡的時間漩渦（沒錯，路線圖也是文件）

身為產品經理，我們做了許多事情，其中最有影響力的事情，往往卻也是最難以捉摸的。我們對團隊做出的最有意義的貢獻，通常表現在解決的溝通問題、將對話引導至高階具體目標，以及向公司領導層解釋的戰術權衡。但是，這些事情都沒有快速、簡單而具體的答案，所以難以回答本書開頭提出的那個令人焦慮的問題：「你到底在忙什麼？」

正是因為這個原因，我在產品管理職業生涯中花費了大量時間製作全面且（希望）令人印象深刻的產品規格、路線圖和許多投影片。我所創造的每一份精美文件都可以指出並說：「看唷，我有做這件事！」但這些花俏的文件卻很少能真正幫助我的團隊實現具體目標。

這並不是說文件本質上是不好的。相反地，撰寫好的文件是產品經理工作中非常重要的一環。日常的挑戰是要了解何謂「好的」文件，並且認識到「好的」與「令人印象深刻的」並不總是相同的。在本章中，我們將探討如何透過花費較少的時間來使文件更有用處。我們將從文件的最終目標，也就是路線圖開始。

## 「產品經理擁有產品路線圖！」

我前陣子跟一個朋友在喝咖啡，他剛進去一間大型教育公司擔任產品經理。在幾週前，他參加了一個產品經理的新人培訓，目的是讓他更清楚自己的新職務期許。在介紹參與者可能肩負的高階職責時，培訓師說：「產品經理會有路線圖。」我的朋友主動提出一個令人不舒服的問題，以彰顯他身為產品經理的專業，他打斷培訓師並問說：「如果產品經理沒有自己的路線圖，那該怎麼辦？」教練對這個問題感到困惑，回答說：「不會這樣的。產品經理必須擁有路線圖。」我的朋友沒有進一步追問。

是的，理論上，產品經理通常「會有」路線圖。但在實務上，這種所有權絕非易事、具絕對性或無可爭辯。事實上，那些必須要有路線圖，而且單方面「掌握」路線圖的產品經理，對於路線圖中所敘述的實際軟體產出，往往是最無法有效協助團隊成功交付的人。

這裡有個例子可以說明可能的發展情況。你最近剛在一家中型軟體公司當產品經理，你渴望承擔職務說明中列出的所有重大責任。所以，你開始為團隊制定新的路線圖。你知道這是一個決定成敗的時刻，你真的很擔心，如果讓太多的人為路線圖做出貢獻，你展示的絕對責任感不會達到職務說明中所要求的水準。所以，你非常謹慎地選擇誰能夠存取路線圖，並逐漸有選擇性地吸收建議和想法，直到你構思出了一個看起來……很完美的東西。

好了，終於到了展示你辛苦成果的時候了。你召集團隊，展示用心製作一個月的路線圖，是個格式美觀、研究深入的路線圖。當展示結束時，你感到非常自豪。「我非常有信心，這份路線圖將可以幫助我們實現，甚至超越團隊下一季的目標。有任何問題嗎？」

沒想到，你面對的是一陣緊張又沮喪的寂靜。團隊裡的一個工程師插話說：「嗯，這個路線圖裡面幾乎沒有一個東西可以在一季裡面完成的。我們該怎麼辦？」你停了一下。「喔，是的，我相信我們可以解決這個問題！」更加緊張的沉默。另一位工程師插話說：「你有和其他產品經理討論過這個問題嗎？我已經看到了一些相依的問題，必須先解決才能實現這些目標。」你再次停了一下。「呃……還沒，但我相信我們能夠解決這個問題！」又是一陣緊張的沉默，還有幾個人開始皺起了眉頭。糟了。

在接下來的幾週裡，你努力根據團隊的意見回饋調整路線圖，但已經造成了很多損失。你已經失去了工程師的信任，他們需要建造你在漂亮文件中快速拼湊出來的東西。更糟糕的是，你現在發現自己不斷地重新傳遞路線圖給團隊，團隊越來越質疑你了。你開始陷入一個迴圈，不斷展示最新版的路線圖，團隊跟你講為什麼這行不通，然後你又回到繪圖板調整。這個週期確實讓你忙碌，但同時，你的團隊實際上並沒有交付太多產出。

最厲害的產品經理處理路線圖的方式與他們處理每個文件的方式一樣：把路線圖當作對團隊有幫助的起始對話，而不是用來紀念自己的辛勤工作和重要性。

## 不只是做路線圖，而是怎樣使用路線圖

身為一個產品經理，我曾得到超棒的建議之一：把路線圖當成戰略性溝通的文件，而不是死板的計畫，告訴大家該做什麼事情、什麼時候動手。可惜的是，我馬上把這建議理解成：大家都應該很清楚路線圖不是死板的計畫。結果，我不只一次糗大了，得向各種利害關係人（從工程師到【只會清喉嚨的】董事會成員）解釋：我給的路線圖其實不是給大家看產品團隊要做哪些工作的詳細規劃，這只是開啟對話的好方法。畢竟，有個聰明人告訴我，路線圖不是承諾，而是戰略溝通文件。難道大家沒收到這份備忘錄嗎？

如果我的這些經歷能教大家一個重要的道理，那就是：團隊和組織要明確並共同理解路線圖的真正意義和使用方法。它是一個堅定的承諾嗎？還是一堆華而不實的「也許」想法？你的產品路線圖在未來四年會像未來六個月一樣穩定嗎？除非你投入時間和精力釐清這些問題，否則路線圖可能會帶來更多誤解，而不是解決問題。

以下是幾個導引的問題，可幫助你開始清楚了解貴公司打算如何使用路線圖：

- 我們的路線圖應該延伸到多遠的未來？
- 我們的路線圖是否區分「短期」和「長期」計畫？
- 誰有權存取路線圖？是否向客戶公開？是否向大眾公開？
- 路線圖多久會檢討一次，由誰來檢討？
- 路線圖的變更要怎麼通知，通知的頻率又是多少？
- 如果公司內的人員在三個月後看到路線圖上的某個功能，他們該抱有哪些合理期待？
- 如果公司內的人員在一年後看到路線圖上的某個功能，他們該抱有哪些合理期待？

這些問題的答案會因你的產品、組織和利害關係人而有所不同。最重要的不是你如何回答這些問題，而是你提出並回答這些問題。

我看到有許多團隊都採取了很有幫助的步驟，那就是在公司的每份路線圖首頁都要寫「README」。這個「README」說明前述的問題，並有助於利害關係人進一步了解可以從路線圖中得到哪些要求以及如何使用該路線圖。通常，我會要求團隊在開始制定路線圖之前先寫這個「README」，以便可以根據預期用途制定路線圖的格式和內容。

## 從 0 到 1，透過組織路線圖實現目標
## Josh W.
## 產品主管，廣告科技新創公司

當我在廣告科技公司擔任產品負責人時，我們根本沒有路線圖。我知道我們需要一份，但我也知道路線圖可能是會帶來麻煩的文件。我以前在銷售部門工作過，我知道當初階的銷售人員能夠取得路線圖時，他們會拿這個路線圖來做行銷。這絕對不是件壞事，他們本來就應該儘可能地利用一切來行銷。但對於一個從未使用過路線圖的組織來說，當我們仍在弄清楚這份文件的內容應該是什麼樣子時，銷售人員如果將路線圖當作一份已經給予承諾的文件，這會帶來很大的風險。

所以，我做的第一件事就是問我是否可以在銷售團隊的場外做一個關於「像產品人一樣思考」的演講。我知道異地行銷對於很多產品管理人員來說聽起來像一場噩夢，但正是這些情況真正給了你一個機會跟角色或職能不同的人建立關係。我不想說他們處理事情的方式是錯誤的，而是想幫助他們理解為什麼產品人員在收到行銷請求時可能會感到沮喪。我想確保他們知道產品團隊所在的位置，以及我們工作的路線圖為什麼是進行中的工作，而不是一系列的承諾。

當我們最終建立了路線圖時，當然，第一個路線圖一團糟，我很確定會把它標為「第零版」。當某事正在進行中時，我總是使用高度可見的版本控制來溝通，幾乎所有事情都在進行中。當我把這份文件分享給行銷主管時，我和他溝通得很清楚，銷售人員不能把這份文件當作一套承諾。我讓他負責管理文件與他的團隊的溝通方式，以及如果文件使用不當可能出現的任何問題。這有助於確保銷售人員知道，如果他們以錯誤的方式使用路線圖，他們要對他們的直屬經理負責。身為一名產品方面的人員，我沒有直接的權力，但行銷主管一定有這個權力。

我每一季都會跟領導團隊坐下來，回顧路線圖本身以及使用它的方式。到了第三季，每個人都清楚地看到制定路線圖的價值，而我們已經更能夠理解路線圖需要哪些資訊，哪些資訊是多餘或誤導的。**我認為如果我們沒有花時間真正回顧路線圖本身，以及使用路線圖的方式和原因，我們不可能達成這個目標。**

---

## 甘特圖，不是人人都喜歡用

「甘特圖」就是把資料用看得見的方式呈現，用橫條表示在某段時間內完成（或要完成）的工作。在你的職場生涯中，你一定會看到文章說甘特圖是交付產品路線圖的「最糟糕方法」。你會研究更好的選擇，像是基於成果的路線圖和基於問題空間的路線圖。你會熱情地辯解甘特圖怎麼會製造假的確定感，限制團隊調整方向和把成果放在產出之上的能力（這部分我們下一章會更深入討論）。

然而，你幾乎肯定還是會交付一份與甘特圖很像的路線圖。

我這麼說不是要抹黑那些更好的選擇，也不是要阻止產品經理提出激情洋溢的案例。但事實上，在大多數組織中，大多數人都習慣於看到甘特圖上的訊息，努力讓甘特圖變得更好，會比試著說服大家完全放棄它們更成功。可能有些很合理的原因，像是需要提前幾個月規劃的廣告購買，讓你的利害關係人需要對確切功能在確切日期交付有個大概了解。努力了解這些原因，並直接無畏地傳達可能不確定或可能變化的事物。

關於如何讓路線圖對你和你的團隊有用的全面且吸睛的指南，我強烈推薦 C. Todd Lombardo、Bruce McCarthy、Evan Ryan 和 Michael Connors 寫的《Product Roadmaps Relaunched》這本書（O'Reilly）。

## 產品規格清楚，不代表就能做出產品

在你的路線圖裡，每個產品和功能都可能會出現在一份或多份名為「產品規格」的文件裡。這些文件有助於組織、推動和決定產品的打造。但請別搞錯了，這些文件可不是自己就生出你的產品。除非你的團隊真的投入時間做出產品，不然這些規格對使用者來說，一切皆空。

有些差勁的產品經理把產品規格當作炫耀的舞台。他們的產品規格想要包山包海，要解決所有可能的實施細節，但是卻沒有徵詢團隊意見。這些產品經理期望團隊只要乖乖地依照制定的規格去做，不要問太多問題。結果呢？產品和使用者的權益都因此受到損害。

厲害的產品經理把產品規格當作團隊智慧的寶藏。他們的規格通常是一團糟，但這讓他們有機會跟同事緊密合作，一起解決問題。他們確保團隊參與產品製作過程，並了解產品的目的。要是有人質疑他們的產品規格，他們會把這當作改進產品的機會，而不是對自己的攻擊。

一旦產品經理意識到其產品規格不需要完美，他們就能更專注在讓它們有用，甚至在某些情況下變得有趣。Jenny Gibson 是我有幸與之共事多年的傑出產品領導者，她要求團隊描述每個提議的產品或功能的「Yugo」、「豐田」和「藍寶堅尼」版本。我讀過很多產品規格，可以肯定地說，這些規格比大多數更具啟發性（從比較和對比多個解決方案中可以學到很多），也比大多數更有趣。

就像產品規格不等於產品一樣，請記住，你的「使用者故事」不是真正的使用者。如同我們在第 8 章討論的，僅僅把你要打造的東西以使用者為中心的方式寫下來，並不表示你真的在做一個符合使用者需求的東西。如果你不確定使用者的目標，或使用者想要做什麼以實現這些目標，請將這些問題帶給團隊，並一起討論這些問題。

---

## 複雜產品規格可能帶來的意外麻煩
## Jonathan Bertfield
## 大型出版公司執行製作人

大概 15 年前，我到紐約一家出版社擔任一個重要職位。我的頭銜是執行製作人，當時就像是產品管理主管。我負責一家公司內部知名度很高的專案，那時候已經推出了初期測試版，但卻擴展不起來。我的工作就是「把這個專案變成真正的商業專案」，我把這個指示當成「詳細地重寫這個專案規格」。當時我們的文件一團糟，我覺得這就是產品擴展不了的原因。沒有詳細的規範指引產品團隊，他們怎麼可能實現這個願景呢？

於是我說：「我們在我的辦公室裡，花四個月時間，跟一位主題專家合作撰寫一份詳細的產品規格。」但是，這種做法帶來了兩個災難性後果。首先，我們整個過程都沒跟客戶交流。我們最後生產出的產品比實際需要的還要複雜，因為我們已經停止向客戶學習他們真正需要什麼。其次，由於我們寫了一份如此複雜的產品規格，而覺得需要一個非常專業的開發團隊，因此找了一家高級的產品代理商簽約，並把規格交給他們。從那時起，我基本上不再參與建立產品的日常工作，畢竟我已經在規格書中寫下了所有的東西。

完成產品後，但結果卻是一場災難，它花了比預期多 18 個月的時間，完全失敗了。但是，我從中學到的教訓影響了我之後的所有工作，寫下內容是一把雙面刃，你寫得越多，花的時間就越長，你就越遠離實際需要完成的工作。**撰寫一份詳盡的規格書或許讓你感覺自己為打造產品付出了很多努力，但這不一定是正確的方式。**身為產品經理，不能因為你把腦中的想法寫下來了，就認為自己已經完成了將這些想法轉化為實際產品的工作。

---

## 好文件就該留點懸念

確保你的產品規格和其他文件能夠作為對話的開場白，其中一種方法是有意讓它不完整。在過去幾年中，我漸漸地接受了發表未經打磨、充滿未解答問題的文件。我天生是個完美主義者，仍然擔心分享不完整的文件會被同事視為懶惰或草率。但是，我不斷提醒自己，讓同事參與討論才是最重要的，而不是讓他們對文件印象深刻。

我絕不是第一個發現刻意不完整的文件可以協調和加速團隊協作的人。在 2008 年的一篇名為〈Incomplete by Design and Designing for Incompleteness〉（*https://oreil.ly/JKMoH*）的論文中，Raghu Garud、Sanjay Jain 和 Philipp Tuertscher 指出：「不完整不是問題，反而能鼓勵行動。即使大家努力去完成那些未完的部分，他們也會提出新問題和新的可能性。」換句話說，帶著未完成的事物讓團隊合作，意味著你們不僅一起解決問題，還會在解決問題的過程中一起塑造問題。這多酷呀？

在我的產品管理涯裡，我常常花了幾週的時間製作一份完整又「完美」的文件，卻只因團隊提出了一些（公正、深思熟慮、有建設性的）問題，而不得不花費幾週的時間，重新修訂文件。反而是當我分享一份「故意不完整」的文件時，團隊的問題和貢獻實際上是推動我們前進的必要條件。從「我需要你的幫助讓這個未完成的事情變得很棒」中獲得的參與度和品質，遠高於從「我做了這個事情，它完美無缺，有什麼問題嗎？」中獲得的參與度和品質。

所以，我的挑戰是讓你在下一次團隊會議上帶一些不完整的東西。不要帶一個華麗的簡報投影片，而是帶一個凌亂的單頁文件。當你的團隊對這個單頁文件提出有用的建議時，一起當場修改。你會驚訝地發現，一起處理文件比多次展示、評論和編輯循環還要容易得多。

## 任何初稿都不應該超過一頁，也別花超過一個小時

幾年前，我的生意夥伴跟我說，雖然我要團隊少花時間精力在文件上，但我自己還是會為我們內部會議做出一堆詳盡、精緻、完美的文件和成果。我跟他們說：「當然啦，你們都是最棒的，我要確保你們覺得我也做得好。」我們都默默思考了一會兒。「喔……」

為了克服我那完美主義的傾向，我們同意從此以後，我只用單頁文件。關於產品團隊用單頁文件的價值，網路上一堆文章，John Cutler 的這場演講（*https://oreil.ly/FFzbq*）就是經典，值得一看。但對我們這些忍不住想超越自我的人來說，搞個完美的單頁文件還是可能花上好幾小時、幾天或幾週。即使我已經下定決心做簡潔的文件，我仍然花了很長時間來製作這些文件，並將它們呈現給我的商業夥伴，好像它們是無可挑剔的大理石雕塑，值得讚揚和崇拜。

在一次該做的自我檢討後，我寫了一份簡單的承諾，跟我的生意夥伴分享：「不管處理什麼文件或成果，我不會花超過一頁和一小時的時間，然後再分享出去。」我把它印出來，貼在筆記型電腦上，告訴我的生意夥伴無論如何都要監督我。

不用說，對我來說這可不容易。好多次我確定跟生意夥伴已經達成共識，就直接跳過那個有時限的單頁紙，進入最後的專案計畫、最後的培訓平台、或最後的章節草稿（唉），但每次都後悔不已，因為我不得不重寫那些「最後」的文件，而且我的生意夥伴也很公道地問我，為什麼不遵守承諾。

在這些生意夥伴的鼓勵下，我在 *onepageonehour.com* 發布了「一頁 / 一小時承諾書」，現在已經有許多來自迪士尼、亞馬遜、美國運通和 IBM 等組織的人簽署了。如果這個想法讓你心動，希望你也能簽署承諾書！

---

### 使用「一頁／一小時」方法在大型組織中建立共識

### B.E.

### 大型市場推廣軟體公司產品經理

我在一家大型行銷新軟體公司工作，有好多產品團隊忙著各種相互關聯的專案。要跟其他產品經理保持協調是個大挑戰，常常讓人覺得寸步難行。

幾個月前，另一個團隊的產品經理找我，問我有沒有什麼文件可以分享，讓他了解我們團隊到底在忙些什麼工作。雖然我手上真的有一堆冗長的產品規格和一大堆 Jira 工作單，但沒有什麼東西能讓他真正了解我們在做什麼以及為什麼做。但我知道團隊之間保持協調很重要，於是我提議花一個小時做一頁簡報。

這個一頁紙的內容相當簡潔：我們團隊的目標在最上方，接著是我們考慮建立以實現這些目標的事項清單，最後是頁面底部的一些未解決問題和未知項目。老實説，我不知道另一位產品經理是否期望這樣的內容，我擔心他會認為我是一個草率的產品經理，因為我交給他的文件顯得草率。然而，他告訴我這正是他所需要的，並且這份文件實際上激勵他編寫了一份類似的文件來記錄他的團隊工作。

就是這樣，這就是事情發生經過。**我花了很短的時間為團隊整理文件，結果發現它比我想像的有用得多。**

---

## 好範本不用嗎

我非常相信輕量靈活的範本（template），適用於從產品規格、季度路線圖、以及各方面的團隊流程變更。當空白頁面讓人望而卻步時，範本可以幫助大家開始工作，並確保最重要的資訊得到一致的重視。

然而，如果範本過於繁瑣、不夠靈活且難填，它們也可能讓人感到很懊惱。這種情況常常發生。以下是讓範本對你的團隊有用和有價值的一些建議：

讓模板的結構跟內容「好玩」

範本（或稱模板、樣板）可以是構思的好方法，但不應限制或支配思維。如果範本似乎沒有幫助團隊達成目標，請務必願意變更範本結構。為了加分，請與團隊一起變更範本結構，讓大家知道文件可以隨時變更以提供更好的結果。

定期更新並檢查你的範本

我曾經與一個團隊合作，每當他們需要從分析部門的同事那裡獲得資料時，都必須填寫一個令人討厭的 10 頁範本。這個團隊裡沒有人記得範本是如何開始或從何而來，但他們認為這是經理的要求，並且不會改變立場。當我詢問經理關於這個範本時，她翻了翻白眼，說：「唉，我也討厭這個範本。但團隊一直在使用它，所以我猜他們認為我們需要它。」

像其他團隊流程一樣，如果你不定期檢討範本讓它更有用，範本可能變得過時且令人沮喪。在團隊回顧期間，可以進行一個活動，問大家：「了解目前的情況，我們要如何修改上次衝刺或迭代所用的範本？」這給團隊一個機會，大家一起改範本，同時專注從上次用範本中學到的教訓。

在你要求其他人填寫之前，請先自己填寫至少三次的範本

範本的問題是：它們有時容易做，但難填。一個看似無傷大雅的問題，你放進範本「以防萬一」，可能會讓團隊花好幾週去追尋，這些時間本來可以做更重要、有影響力的事。所以，我現在的原則是，在跟團隊分享範本前，先自己填過三次，再把這三個範例跟範本一起分享。

當然，「好的」範本究竟是什麼樣子？每個團隊和每個組織之間會有很大的不同。如果你不確定從哪裡開始，快速的 Google 搜

尋將會為你能想像到的幾乎任何文件找到數百個樣板。只要你的團隊能夠一起學習和回顧，任何範本都可以提供一個很好的起點。

## 淺談專有路線圖和知識管理工具

如果讓我說的話，這就像老人瞪著雲發牢騷的情景……回到我那個時代，我們只能用簡單的試算表、投影片和 Word 文件來製作文件。現在呢，專門的路線圖和知識管理工具層出不窮，每款都承諾能幫團隊在一個好找的地方找到他們需要的所有資訊。很多這樣的工具可以跟像 Jira 這樣的平台整合，讓團隊管理日常任務。很多這樣的工具都要向每個用戶收費，這對於希望利用文件提高透明度和可見度的組織來說，可能會產生不正當的刺激。這些工具對於經驗較少的用戶都需要一定的學習曲線。而且，根據我的經驗，投入到部署這些工具的時間和精力並不總是能證明它們比簡單的工具更有優勢。

是的，如果你正在一個大型企業中管理大量互相關聯的資訊，那麼花大量時間和精力評估潛在的工具可能是個好主意。（如果你正在大型企業進行資訊管理，那麼在你的組織中也可能有專門負責評估這些工具的人。）但對於我接觸過的大多數產品團隊來說，「我們應該用哪種路線圖工具？」這個問題，比「我們的路線圖上該放什麼？」或者甚至是「路線圖對我們意味著什麼？」更容易回答，風險也更低。

幾年前，我曾與一個機構合作，該機構大量投資於一個新的知識管理平台。他們已經購買了席位，預訂了培訓，並發送了電子郵件通知團隊，讓他們很快需要將現有的一堆文件轉移到這個簡單、新的全方位平台上。但是，這個新平台並沒有整合這家公司的資訊生態系統，反而進一步分散了它。一些團隊盡職地在新平台上重新創建了他們的路線圖，但仍然將他們的「真正」路線圖保存在單獨的文件中。一些高階主管既沒有時間也沒有興趣學習新平台，繼續要求使用其他更熟悉的格式和文件。最終，這家公司不得不經歷一個同樣徹底且昂貴的過程，才正式停止使用他們的新知識管理平台，即使該平台推出不過一年。

花俏的專業工具不能保證成功，也不保證一定失敗。這是一個我希望幾年前就能聽從自己建議的領域：如果你正在與一個已經在使用專有路線圖或知識管理工具的團隊合作，請專注於工具的使用方式，而不是對工具本身大加抨擊。知識管理首先是一個溝通挑戰，人們通常會尋找他們需要的資訊，無論這些資訊是儲存在花俏的路線圖平台，還是拼湊在一起的 Google 文件中。挑戰在於讓人們能夠公開且直接地交流資訊，以便他們能夠理解和識別他們需要的資訊以及為什麼需要這些資訊。

如今，我通常建議團隊從最簡單的工具開始，當他們遇到具體限制時再升級到更複雜的工具。如果你還在學騎自行車，你可能不需要投資能發射雷射的摩托車。

## 摘要：菜單不是餐點

Alan Wilson Watts，《The Wisdom of Insecurity》（Vintage）一書的作者，曾說過「菜單不是餐點」。這句話值得寫在桌子上方的便利貼上。你的路線圖不是道路，產品規格不是產品，使用者故事不是真正的使用者。專注於烹飪美味佳肴，而不是製作世界上最令人印象深刻且最全面的菜單。

## 你的檢查清單

- 知道嗎？你工作中最有影響力的部分可能也是最難掌握的。如果你無法指出某件事說：「那是我一手包辦的！」那就別給自己太大壓力啦！
- 記得「菜單可不是餐點」。你弄出來的文件不是你真正的成果，也不一定對使用者有啥價值。
- 別想成為路線圖的唯一「主人」，不管你的職位說明如何。
- 避免對你的團隊或組織的路線圖做出假設。進行公開和明確的對話，闡述路線圖的使用方式，並將該對話與路線圖一同記錄下來。
- 面對現實吧，你很可能得做些甘特圖，然後盡全力讓這些甘特圖對利害關係人有用、有價值。
- 讓你的產品規格和其他文件「故意留點瑕疵」，激勵團隊參與和協作。
- 跟小組分享前，花最多一頁、一小時完成文件初稿。
- 用輕便靈活的範本來搭建和標準化你的思維，定期重新檢視這些範本。
- 在與團隊分享範本之前，請確保你已經自己填寫過至少三次。
- 仔細思考部署專有路線圖和知識管理工具所需的實際成本（包括工時和動力成本）。

# 10

# 願景、使命、最終目的、策略，以及其他華而不實的詞彙

本章標題中至少有三個花俏的詞語，無論是副產品經理還是首席產品長（CPO），幾乎都會出現在每個產品管理的職缺上。只是這些職缺很少會這麼明確地告訴你它們到底是什麼意思。

好消息是，有許多寫得很好的雜誌文章、優美的瀑布流程圖和措辭強烈的 Medium 文章，提供了這些名詞解釋，以及它們應如何組合成一個清晰而有目的的層次結構。

壞消息是，這些看似同樣權威的消息來源，實際上似乎彼此搞不清楚。有人堅持認為，策略和最終目的是完全不同的概念，而另一些人則使用「策略」這個名詞來涵蓋兩者。有些人宣稱，一個引人入勝的使命是產品團隊必備的最重要事物，而另一些人則認為使命宣言只是沒有意義的廢話。所以產品經理該怎麼辦才好？

這些堅定卻互相抵觸的看法，在我剛踏入產品職涯時讓我焦慮不已。每次公司領導層要求我提供產品策略時，我就會慌張得一塌糊塗。我真的知道什麼是好的產品策略嗎？如果我交出一份尷尬又不切實際的東西該怎麼辦？為了顯得自己不是像個詐騙集團，我常常找一大堆站得住腳的理由來解釋，為什麼公司沒讓我提供實際的策略：「我們公司的目標還不夠明確！」

或者「考慮到領導階層給的任意最後期限，制定策略有什麼意義？」或者我只會說：「好的，當然，聽起來不錯。」然後就偷偷溜走，希望大家都忘了這件事。

我看過好多產品經理在被迫制定產品策略、願景、目標或其他重要事情時，都搞些迴避手段。當我建議他們先簡單地記下他們希望團隊在未來一年內達到的目標，以及他們怎麼實現這些目標時，我也看到好多產品經理會驚訝地睜大眼睛。當我建議他們用不超過一頁紙和一小時的時間寫這份重要文件，再提交給團隊徵求意見時，他們的眼睛瞪得更大了。

產品管理裡一堆華而不實的詞語，其實就是兩個問題：你想實現什麼？你該怎麼實現？本章我們會探討這兩大類別（前者通常包括「使命」、「願景」、「終極目標」和「具體目標」，後者通常稱為「策略」）。你能回答這些問題越簡單、直接、協作，你的團隊就越能做出好決策。而最後決定團隊成功與否的，就是這些決策的品質。

這個章節很短，有個好理由：你花在找「正確」方法制定目標和策略的時間越少，你就越早開始跟你的團隊合作，說明你的前進方向和怎麼達到目標越好。

## 結果（outcome）和產出（output）的關係就像蹺蹺板一樣

從更高的層次來看，本章標題裡的詞彙是為了讓我們專注在真正想追求的結果：為企業帶來的成果、解決客戶的問題，還有我們希望對整個世界產生的（希望是正面的）影響。

這些成果大概就是我們企業跟團隊存在的意義。不過當我們忙著交付功能和趕工時，這些目標好像就不那麼重要了。所以「結果比產出重要」就變成產品人常掛嘴邊的護身符。這句話還是 Josh Seiden（Sense & Respond Press）寫的一本好書的書名！

不過，像許多口號一樣，「結果比產出重要」也很容易遭到誤解和濫用。我見過很多產品經理拿這句話來當團隊的擋箭牌，拒絕回答什麼時候交貨、交貨內容為何。就像我們在前面講過的，跟利害關係人談交付跟發布的具體事宜是有道理的。明白這個比一臉苦楚的說：「這家公司就是個工廠，只關心產出，永遠不會去管結果！」要有意義多了。

類似這種孰輕孰重的說法，把「結果比產出重要」，改成「以結果為導向的產出」應該比較有幫助；這招也可以用在〈敏捷宣言〉的「以能運作的軟體為主，而不是詳盡的文件說明」跟「適應變化，而不是拘泥於計畫」。一旦我們把結果和產出當成一個相互關聯的系統，而不是非黑即白的選擇，就能開始想想怎麼設計、維護這個系統，讓我們交出來的產出能達到想要的成果。

當我跟各團隊、組織合作，深入研究他們怎麼把產出跟結果關聯在一起時，發現了個好玩的現象：似乎那些最在乎產出的團隊，往往是為了那些含糊不清、大而無當的結果在努力的團隊。經過跟團隊、領導者多次檢討，我發現這其實是人類對確定性和可預測性的渴求作祟。具體的目標和期限總得來自某處，要是在結果方面沒說清楚，就得在產出方面說得明明白白。換句話說，團隊要是真的想讓產出更靈活、更有彈性，他們就得搞清楚自己到底想達成哪些結果。這樣一來，你就可以把結果和產出想像成一個翹翹板（圖 10-1），一邊壓上具體的日期和目標，另一邊就能把開放式的主題和機會提高到更高的層次。

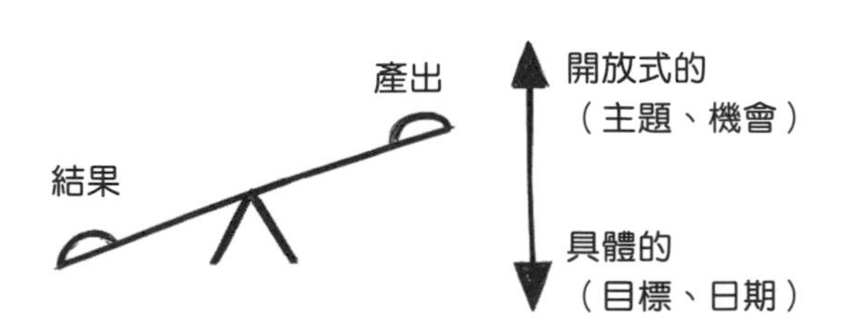


**圖 10-1** 結果跟產出就像個翹翹板。想讓一邊更開放，就得讓另一邊更具體。

對於像我這樣的人，試著避免微型管理，透過設定開放式目標來管理團隊，這個頓悟可真是震撼。但這也讓我明白，為什麼每次我試著設定像「提高轉換率」或「讓顧客滿意」這樣籠統的目標時，我們團隊總是不可避免地在某個截止日期前匆匆推出特定的功能。

為了這個道理，我現在教導產品經理跟團隊合作時，會把想要達成的結果和時限講得一清二楚，讓人有點不自在那種清楚。雖然這看起來有點怪怪的，不過像是「未來三個月把新用戶轉換率提高 10%」這種目標，反而能讓你的團隊更自由地去找各種方法和解決方案。當你的利害關係人知道你想達成的具體目標和時限時，他們不太會在特定日期前硬要你交出某個功能。更重要的是，你的團隊會更有動力去尋找各種方法來實現那些具體又有時效性的目標，就算是那些一看就不是新「功能」的目標。（第 12 章會再詳細談論這個問題。）

---

### 沒有明確目標，怎麼造就一個產品犧牲品的團隊

**M.G.**

**產品管理的大老闆，非營利組織的一份子**

最近我加入了一家專門幫其他非營利組織做產品的非營利產品店。跟很多非營利組織一樣，我們也面臨資源不夠的問題。當我第一次跟那些直接向我報告的產品負責人談話時，發現每個人都忙著開發至少三個產品，壓力好像很大，士氣也不高。感恩老天，我們能分配到更多資源來聘請更多的產品負責人。我覺得這就是解決問題的方法：有更多的產品負責人，意味著他們每個人可以專注在一件事情上，並且投入更多的時間和精力。

讓我傻眼的是，我的部屬居然對這個消息不怎麼感興趣。其實他們一開始的反應是從懷疑轉為防禦心態。對我來說，這是個把公司的努力集中和精簡的機會，卻被解讀成

個人企圖：「你為什麼要拿走我的產品？」這種反應特別讓我疑惑，因為那就是幾週前還一直抱怨工作過勞的人。

我花了一段時間，才發現那些抱怨工作過勞的原因，不只是我們缺乏組織資源而已。這些抱怨反映了一個更深層次、更複雜的問題：產品負責人除了工作努力程度和擁有的產品數量外，沒有其他辦法衡量自己的成功。為什麼呢？**因為我們追求的組織目標沒有共識。沒有這些目標，每個產品負責人只能靠自己的假設和暫時的成功指標。**

有趣的是，如果當初我只是聘請更多產品負責人，卻沒解決根本問題，情況只會變得更糟。沒有明確組織目標，增加產品負責人只會導致更多關於成功的假設。當我開始召集所有產品負責人討論共同目標時，競爭和防守心態自然消失了很多。產品負責人開始尋找共享資源和知識的方法，因為他們知道，他們成功與否取決於能否為客戶創造價值，而不是手上握有多少產品，或禮拜五晚上願意加班到幾點。

---

## SMART 目標、CLEAR 目標、OKR 等

有很多方法可以幫你設定產品、團隊和組織的具體目標，像是 SMART 具體目標「具體的（Specific）、可量化（Measurable）、可實現（Achievable）、相關的（Relevant）、有時限（Time-bound）」，還有 CLEAR 目標「協作（Collaborative）、有限（Limited）、情感（Emotional）、可欣賞（Appreciable）、可細化（Refinable）」和 OKR「目標與關鍵成果（Objective and Key Results）」。到底哪個最適合你，要看你的團隊、組織，還有你喜歡數字還是故事。光是對比 SMART 和 CLEAR 就能讓你想想你的團隊比較適合可量化的還是情感型的目標。

在工作時，我比較喜歡用 OKR 框架，因為它結合了定性（最終目的）和定量（關鍵成果），表示正在朝著正確的方向前進（關

鍵成果）。簡單舉例，一家金融科技公司的定性目標可能是「讓大家都能用複雜金融工具」，定量目標就是「季度末增加 1,000 名新使用者」，用來表示他們正在朝著這個目標邁進。

要了解 OKR，有很多好的資源，我特別推薦 Christina Wodtke 的書《Radical Focus》（Cucina Media）。Wodtke 生動地描述了團隊在實施 OKR 時遇到的困難，強調了目標明確和聚焦的重要性。

不過，把目標設成 OKR 並不能保證它們對你或團隊更有幫助。檢查團隊目標的真正標準是看它們能否跟團隊策略搭配，幫助你做出更好的決策。

## 好的戰略與執行密不可分

如果把目標和目的視為想達到的結果，那策略就是我們打算達到這些結果的方法。（這是我能給的最具體的策略定義，不過這也可以討論！）

我最喜愛的策略觀點來自產品領導者 Adam Thomas，他認為策略就是提高團隊決策能力。這個說法讓人耳目一新，因為每個團隊和組織的策略都可以千奇百怪，但最重要的是，如果策略不能讓基層同仁做出更好的決策，那根本稱不上是策略。

事實上，產品經理可能會犯的大錯就是，把策略當成跟團隊日常運作無關的東西。當產品經理終於有機會參加「戰略」對話時，我看到很多人都掉進這個坑裡。他們走到辦公桌前，從 Google 搜尋「好的產品策略」，然後拼湊出一份看起來超棒的策略簡報。他們可能花上好幾天、好幾週，甚至好幾個月的時間來做這個簡報。做完時，這個簡報像是一個「戰略」產品經理該做的所有事情的大雜燴。有架構！有財務模型！有使用者角色！甚至還有對專家的敬意！當然，沒人敢說這份簡報（或者說做簡報的人）漏掉了什麼重要的東西。

高層主管也對這份簡報讚不絕口，他們認真聽著，圍繞「產品市場契合度」和「創新」等議題提問。每位主管的意見都被細心記錄下來，一開始的 10 張投影片很快就變成了 20 張。當更新後的投影片在下次重要的戰略會議上展示時，大家都很滿意。

真正的問題是，當那些得到老闆點頭的策略投影片，從華而不實的會議轉到了產品團隊那些拼命三郎手中。畢竟，最後還是產品團隊 —— 那些因為忙著做「策略投影片」而無法一起打拚的兄弟姊妹 —— 要把產品推向市場，為公司帶來業績。在「我們到底該怎麼辦？」的沉思之下，這份所謂最全面的策略報告可能變得亂七八糟，像是一堆官僚言辭、讓人摸不著頭緒的圖表和空洞的想法拼湊在一起。

身為產品經理，策略性工作的光環和重要性可能讓你和團隊的關係變得緊張，但你的工作就是保持戰略和執行之間的聯繫。最優秀的產品經理明白，戰略和執行就像硬幣的兩面那樣密不可分，他們看重戰略，認為這是引導團隊日常決策的神奇力量；但他們也知道，不管策略多麼全面、多麼正式，如果跟日常決策脫節，那就只是紙上談兵。

實際上，這通常意味著把未完成的戰略文件拿給你的團隊「試水溫」，看看這些文件能否真的幫助指導日常決策。你可能會發現，在 Medium 上看到的華而不實戰略框架，實際上太抽象、太複雜，根本無法幫助團隊解決現實中的燃眉之急。其實，你可能會發現團隊真正需要的策略比你想的或擔心的要簡單、直接得多。

---

**建立「需求階梯」，區分策略和執行層面的輕重緩急**
**J.W.**
**產品經理，一家有 1,000 人的 SAAS 公司**

幾個月前，我發現自己跟工程和設計部門的夥伴聊了一堆看似不同但又相關的話題，談論我們到底該做什麼、要怎麼做。我們的團隊領導開會時在高層次目標、策略問題跟人力分配、團隊流程等戰術問題之間搞得焦頭爛額。這些話題糾纏在一起，讓我們陷入僵局，不知所措。

為了讓對話更清楚，我找了團隊裡經驗豐富的專案經理，他在組織裡解決複雜挑戰方面可是沙場老將了。我們一起討論了團隊必須做出的最重要決策，結果不出所料，總結為「我們要努力達成哪些目標，該採取哪些措施來實現這些目標？」接著，我們建立了一個可視化的「需求階梯」（圖 10-2），顯示了我們要找出的最重要的具體資訊，以解答這些關鍵的輕重緩急問題。

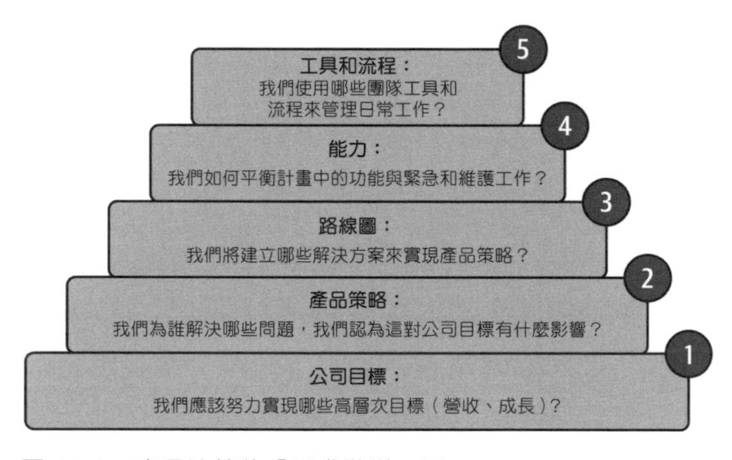


**圖 10-2** 產品決策的「需求階梯」圖

把需求階梯畫出來，有助於我們專注於找出和綜合最重要的資訊，讓團隊暢通無阻地往前衝。有了視覺化的層次架構圖，我們能暫停討論路線圖、人力分配和流程，專注於更了解公司大方向的目標，並建立團隊的產品策略。**把做重要決策所需不同層次的資訊視覺化，按照優先順序排列，有助於更好地管理時間和精力，最後讓我們能排除萬難，找到動力。**

## 好的策略簡單明瞭

在 Richard Rumelt 的經典著作《Good strategy/Bad Strategy》（Profile Books）中，一開始就提出了我最喜歡的關於策略的說法：「好的策略幾乎總是……簡單明瞭，不需要一大堆的投影片來解釋。」

為了檢驗這個觀點，我最近跟一個產品團隊做了個練習，他們花了將近一個月的時間來定義產品策略。做了大約 20 張讓人印象深刻的圖表和框架，但他們還是搞不清楚這是不是「用對方法執行產品策略」。所以，我讓他們用他們寫好的策略，試著去安排未來幾週和幾個月要完成的工作。我的解釋是，如果策略有效，大家最後應該都會按照差不多的順序把同樣的事情排在前面。

結果，團隊中十位左右的產品經理、工程師和設計師中，出現了兩種完全不同的模式。「抱歉，」一位工程師道歉說：「但我覺得，對新用戶來說，哪些東西最有價值是很顯而易見的。」一陣沉默之後。一位產品經理害羞地回答：「我原本以為我們主要是為現有的用戶打造產品。」

產品經理老是傷腦筋，總是擔心產品戰略是不是做對了，結果忘了先問問團隊，回答一些基本問題。依據我的經驗，行得通的產品策略通常可以在一問一答中簡單得到：「我們的使用者是誰？」「我們幫他們解決什麼問題？」還有「為什麼我們是幫他們解決這個問題的合適公司？」

回答這些問題能幫助產品團隊有個好的起點。譬如，假設你在一家音樂串流公司的自動播放清單演算法團隊工作，你們的工作是用公司的大量資料幫使用者提供自動播放清單，但這還不足以讓你知道到底為哪些使用者製作這些播放清單，或者他們為何需要這些播放清單。如果沒有更具體的產品策略，你們團隊可能會很難在日常決策中判斷要做什麼、怎麼做，以及最重要的是：不要做什麼。

具體的策略不一定要冗長複雜。用像「分析與使用者口味相近的資料，幫助休閒使用者找到他們的下一個最愛的歌手」這樣簡單明瞭的策略，你們團隊就能做出更好的決策。這樣，你很清楚知道目標對象是誰：休閒使用者，而非超級使用者（別忘了第 6 章提到的「超級使用者」的魔力，你很清楚你們正在幫他們做什麼：找到他們最愛的下一個歌手。而且，你也很清楚你們的公司和團隊為何最適合做這件事：你們有足夠的類似聽眾資料，能提供真正好的建議。根據你們團隊和公司目標（以及商業模式），你可以輕鬆地解釋為什麼以及如何相信這個策略，將有助於你的團隊影響收入和保留等關鍵指標。

現在，想像你在一家音樂串流公司裡，負責編輯播放清單的團隊，你們的任務就是挑選出一些高品質的歌單，讓大家都能看見。這裡，你們可以用一個簡單的策略，就像「運用我們的專業，讓愛分享歌單的人找到好歌」，這樣一來，你們的目標就很明確：那些愛跟朋友分享歌單的用戶。你們要幫他們的事也很明確：分享好聽的歌單。（究竟有多少人真的想分享歌單，就要看實際研究了。）而你們之所以能做到這一點，就是因為你們有豐富的編輯經驗。同時，你們還可以說明這個策略如何幫助你們達成團隊和公司的目標，例如吸引新用戶註冊。

當然，這只是個理論上的例子。以下有幾個跡象，顯示你的策略真的在幫助團隊做更好的決策：

### 團隊成員都能背出策略

如果有人問你「你們團隊的策略是什麼？」我最不喜歡的回答就是「我傳簡報給你看！」如果你的策略太複雜，用一兩句話說不清，那麼團隊在做重要決策時，可能不會真的考慮到策略。

策略能幫你決定不要做什麼

有時候，策略太繁瑣、太複雜，就代表你不願意承諾特定的用戶或問題。如果你的策略可以為任何人、任何事都找到合理的理由，那可能不是個好策略。

過一段時間，策略變得過時了

如果你的招牌招式就是懂得客戶和市場的奧妙，而且你還想要努力地和這些客戶、市場緊密連結，隨著他們的變化而調整，那麼總有一天你還是得翻新策略才行。別緊張，這可是好事！老實說，如果你的策略一成不變，死腦筋的維持好一段時間，那你跟現實世界可就脫節了，不僅無法幫助團隊，還會害了公司。就像用戶角色一樣，定期更新策略，別讓它過時。

當你在產品生涯中越走越遠，你可能會發現專注於小而精的用戶角色和問題，比再加一個新頁面或框架更有挑戰性。不過呢，策略越簡單、明確、專注，你的團隊就越有可能替公司和用戶帶來有意義的收穫。

## 如果你不確定，請舉個例子

毫無疑問，職場上總有人問你戰略、願景、使命或具體目標，而你卻搞不清楚他們到底想要什麼。依照我的經驗，應付這種狀況最好的方法就是回答一兩個例子。別急著給出你認為對模糊問題最完美的答案，不如試試像這樣說：「謝謝！我很樂意和團隊一起，為下一季制定產品策略。我發現很多公司都有各種各樣的戰略處理方式，你能不能分享一下你們用過的成功案例？」有了一些具體的例子，你就能在組織內建立起成功經驗。如果問你戰略或願景的人自己都舉不出例子，那他們可能跟你一樣搞不清楚自己到底要什麼，這時候你給他們一些明確具體的東西，他們會感激不盡的。

## 摘要：簡單就是美，實用為上

為了讓你的團隊成功，你必須清楚地知道你們要去哪裡，並制定一個實現具體目標的計畫。但如果你們的具體目標過於模糊，計畫又過於複雜，你們可能一事無成。先讓你們的目標具體明確，策略簡單明瞭，最重要的是，與團隊密切合作，確保目標和策略對於實際為使用者建立內容的人員有用。請記住，或許你們會覺得一份華麗的戰略報告很重要，但這並不一定能幫助你們做出更好的決策。

## 你的檢查清單

- 別再找那些願景、使命、策略、目標等詞的絕對正確定義！
- 請記住，所有這些華麗詞語的目的，都是為了幫助你的團隊了解正在追求的目標，以及打算如何實現這些目標。保持專注，保持簡單。
- 把結果和產出視為相互關聯的系統，而非二選一的選擇。
- 如果你希望團隊在輸出方面有更大的彈性和自由度，請明確指出你想要達成的成果和完成它們的時間表。
- 嘗試不同的目標設定格式和框架，例如 SMART 目標、CLEAR 目標和 OKR，以了解最適合你的團隊的設定。
- 抵制將策略視為與執行分離且比執行更重要的事物，保持戰略與執行始終緊密相連。
- 盡快讓你的目標和策略與團隊一起「試駕」，以確認它們是否真的能夠幫助團隊做出更好的決策。
- 讓你的策略如此簡單明瞭，以至於團隊中任何人都能夠快速輕鬆地背誦，而不必參考卡片或文件。
- 如果有人問你「願景」或「戰略」，而你不確定它們的含義，可以請他們舉幾個例子。
- 真心話，別再看這章節了！快把團隊目標和策略記下來，一起來討論。

11

# 「資料，掌握大局！」

現在大家好像都想當或找個「資料驅動」(或至少「資料為本」) 的產品經理。為什麼不呢？對產品經理來說，「資料驅動」就是在這模糊、充滿人性的角色裡，說我懂得做資料生意。對招聘經理來說，「資料驅動」就是「絕對不會出錯」的意思。怎麼可能出錯嘛？

嚴肅地說，從使用者、產品和市場資料的角度來看，有很多可以獲得的好處。如果具體目標幫助我們看清前進的方向，而策略幫助我們決定如何實現具體目標，那麼資料就可以幫助我們了解是否真的走在正確的道路上。當然，這需要知道對於你的特定產品和團隊來說，「正確的道路」意味著什麼。在你的產品職涯中，可能有時候你無法存取需要的資料，也可能會有時你可以存取太多資料，以至於感到無法做出決策。要應付這兩種情況，需要培養一種強而有力的觀點，即什麼資料對你很重要、為什麼很重要，以及它將為你做出什麼具體決策。

本章著重介紹高階的、與工具無關的方法，這些方法可協助你在不交出控制權的情況下，利用資料取得優勢。

## 「D」字難題

先從「資料」這個名詞說起。這個名詞泛指好多東西。理論上，資料就是客觀資訊，不論定性還是定量的。在實際應用中，我經常看到「資料」這名詞用來指從資訊中得出的結論、過濾和結構化的資料呈現或視覺化，又或者是「看起來像數字或圖表的東西」。在口語和常用的用法中，「資料」這詞往往無法清楚表達它實際描述的內容，但卻能輕易地傳達出一種確定和嚴謹的氛圍。「資料」這個名詞之所以危險，是因為它實在太好用了：它能展示權威，但又缺乏具體性。

所以，我常常建議產品經理實施一條看似違反直覺的規則，如果他們想要採取真正的資料驅動方法：最好不要使用「資料」這個詞。如果你正在討論特定的資訊集，請描述該特定的資訊集。如果你正在討論基於該資訊所得出的結論，請描述這些具體的結論以及你如何得出它們。

例如，這句話有點假設性：「資料顯示，千禧世代很喜歡我們的價值主張。」現在將這句話改成「電子郵件調查顯示，千禧世代很喜歡我們的價值主張。」這裡仍有許多問題需要釐清。（什麼是價值主張？電子郵件的調查如何得出結果的？）但至少這樣說能開啟一個更有意義的討論，討論蒐集了哪些資訊、如何蒐集資訊，以及如何解讀這些資訊。

再舉個例子，把經常被誤用的「社交資料」換成更具體、描述性的名詞，比如「基於客戶推特上的情感分析」。這樣說雖然引出了更多的問題，但這些問題正好能讓資訊變得更易於理解和操作。沒有「D」（資料）字，就能更容易區分資訊和假設，設定明確合理的期望。

## 從決策開始，再尋找資料

就像我們在第 10 章提到的，具體目標和策略只有在幫助我們做決策時才有用。在面對大量資料和指標時也是如此。2012 年《哈佛商業評論》的一篇文章（*https://oreil.ly/RpgVO*）裡，Dominic Barton 和 David Court 提出了一個問題，我在很多研討會和指導對話中都用過：「如果我們擁有所有需要的資訊，我們會做出什麼決定？」

回答這個問題其實挺難的。（幾年前在一個研討會上，一群產品經理和資料分析師最好的答案竟然是「買一張彩券」，但實際上並非如此。）你會感到意外，很多產品經理跟我說：「我們最大的問題是沒有足夠的資料來做決策」，但他們卻無法具體說出他們要做的決策。對很多產品經理來說，確實很難獲得重要資料。但是，如果從你要做的決策出發，就更容易找到其他資料來源、粗糙但可接受的替代方案，以及其他能推動你和團隊前進的方法。

舉個例子，想像你被安排去改善一個電商 App 的結帳體驗。團隊的前一個產品經理太關注推出新功能，沒考慮到那些很明顯使用者卡住地方的儀器工具。那你該怎麼辦？如果不知道使用者的體驗，怎麼優先改善結帳體驗呢？

首先，你可以花點時間深入了解一下你要做的實際決策。你清楚你們團隊在考慮哪些具體的結帳體驗改進嗎？如果不清楚，你能親自試一下，然後記下那些最讓人困惑或沮喪的時刻嗎？或者你們公司裡的使用者研究員已經跟實際使用者一起完成了結帳流程，並可以跟你分享他們的調查結果嗎？

當你花時間更深入了解現在的結帳體驗，你可能會發現，缺少的那些資料不是「最好有」，而是「必須要有」。有些部分的體驗顯然需要徹底改進，所以你們團隊可以非常有把握地排定優先順序。或者，你可能會發現，對你們團隊來說，最有意義的機會不是修復結帳體驗中的任何一個部分，而是重新想像所有部分如何流暢地結合在一起。在這種情況下，過度依賴精確檢測資料實際上可能讓你走上歧途。

在你的產品經理生涯中，很多時候可能都無法取得所需的資料。但總有辦法繼續前進，你通常可以花更多時間去進一步了解你要做的決策，尋找任何可能幫助你做出決策的資訊（包括量化和質化方面），找到前進的道路。

---

### 相信自己的直覺，找到「隱藏」的證據

**Shaun R.**

**產品經理，B2B 廣告軟體新創公司**

當我剛開始擔任產品經理時，有很多事可以做，但缺乏指導，不知道該從哪開始。然而，公司要求我證明「我們應該選擇哪條路」。他們好像在找支持特定產品方向，或優先順序決策的確切資料。

那時，我們的使用者界面雖然笨重但好用。如果你花時間學，還是行得通的。但一開始就很令人困惑。我認為只要做個簡單、時尚、好用的界面，就可以減少培訓時間，讓產品更吸引人。但沒有證據支持這個論點。在建議進行這項工作時，我猶豫不決，因為我覺得缺乏明確的指示。

大約在三個月後，公司勉強接受了我的建議，開始在儀表板上動工：「好吧，沒有其他容易的機會，那就開始去做吧。」隨著進展，反應變得越來越好。當我們推出新版儀表板，收到使用者的回饋時，高層回應是「我們很訝異這居然這麼有效！」我想說「我都有講！」但我意識到⋯⋯我其實沒有。我因為缺少證據而感到尷尬，而且還不知道如何提出使用資料來量測未來變化的論點，而不只是尋找已經存在的資料。

從那次經驗中，我學會了如何從假設開始，並說：「基於這個，我們預期這些指標會受到影響。」你如何衡量某事是否有效？你期望銷售增加嗎？轉換率增加嗎？如果你看科學 —— 它存在的時間比產品管理更長 —— 它依賴於最初的假設來設置實驗，即第一個假設或馬上做出的判斷。**真正的資料驅動實驗通常涉及跟隨你的直覺，然後建立某種反饋循環來測試你的直覺是否正確。**

---

## 關注重要的指標

有些產品經理不只是資料拿不到手，還被太多資料給搞糊塗了。現代化的分析工具和儀表板提供了即時的海量資訊，讓你可以找到一些看似重要的指標、峰值或下跌，然後花一整天的時間去追蹤。

在我剛開始當產品經理的時候，我花了很多時間深入研究這些儀表板，隨時準備調查任何看起來有趣或不尋常的模式或趨勢；畢竟，這不就是「資料驅動」的產品管理精髓嗎？如果我注意到新用戶註冊數量下降，我會立刻開始檢查上週的行銷資料，看看有沒有什麼不尋常的地方。如果我注意到任何一個跟「用戶參與度」有關的指標突然暴增，我會把這個消息跟鼓勵的話一起告訴我的團隊。慢慢地，這些儀表板開始讓我感覺像是一台老虎機，而我就像是在玩老虎機一樣。

花了好長一段時間，我才意識到，把產品管理當作一種博弈遊戲，可能不是幫助團隊達到目標最好的方法。但當我沒辦法真正了解儀表板裡的所有數字和圖表時，也就很難找到更好的方法來幫助團隊。因為我搞不清楚哪些指標對我的團隊真正重要，所以我花了很多時間追求「《精益創業》（Lean Startup）」作者 Eric Ries 所說的「虛榮指標」。虛榮指標通常可定義為「任何往上往右的東西」，也就是說，任何讓團隊看起來表現很好的東西。但是，當產品經理花太多時間擔心負面的趨勢指標時，這些指標也可能變成虛榮指標。（我曾經好幾次扮演過英雄式的產品經理，勇敢地從一個跟產品完全無關的顯著下降指標中拯救我的團隊。）如果你還沒有培養出一種強烈且具體的看法，來判斷哪些指標對你的團隊真的重要，以及為什麼重要，那麼所有的指標本質上都是虛榮指標。

舉個經典的例子來說明這一點：想像一下，你是一位產品經理，正在開發一個搜尋產品。你發現每日網頁瀏覽量突然減少，這代表什麼？你會採取什麼行動？

大家都知道這個 Google 產品經理面試題，而它之所以有名，是因為同樣的指標在不同情況下對你的團隊和策略有不同的意義。比如說，如果你的產品是讓人快速找到正確資訊，那頁面瀏覽量減少可能是好事；但如果收入跟頁面瀏覽量掛鉤，那頁面瀏覽量減少就是大問題了。

想清楚指標跟目標、策略怎麼關聯，你可能會發現有些指標呈負趨勢反而是好事。例如，你們團隊負責評估訂閱價格上調，這可能會讓營收增加，但也可能導致客戶流失。提前確定這個「反指標」有助於跟利害關係人討論要失去多少客戶、以及如果失去的客戶超過預期，該怎麼應對。

總之，「我們應該測量什麼？」這問題沒有萬能的答案。要找到適合你團隊的指標，就得仔細研究你的目標和策略，以幫助你了解你現在的位置和未來的方向。

## 設定明確期望值，用生存指標來衡量

我常常問產品經理的問題是「你預期會發生什麼事？」

這問題通常是針對這些讓人興奮的宣告提出，像是「這禮拜我們又新增兩百個用戶！」或「新功能的使用量大幅度提高！」

根據花在招聘上的時間和精力，兩百個新用戶可能是個大勝利，也可能是個損失慘重的事。而且，根據花在新功能上的高成本工程師時間，使用量「暴增」可能還會造成企業的重大損失。事實上，除非你敢主動去預期看到的結果，否則很難說這個結果是好還是壞。

這就是第 10 章提到的成果和產出平衡的另一個例子。如果我們不能明確說出期待看到的結果，就很可能又回到用虛榮指標來衡量成功，不管是「看吧，有人在用我們的產品！」還是「我們準時推出功能喔！」

最厲害的產品經理不只是願意事先承諾成功，還願意談論失敗的模樣，雖然困難但非常重要。產品領導人 Adam Thomas 建議用一個叫「生存指標」的方法來進行這種對話。生存指標是在你的「成功指標」和現實世界的底線之間。例如，你可能已經決定，如果新功能在未來三個月有上千個活躍的用戶，就算是成功了。但是，你想要在這功能上得到更多投資，那活躍用戶最低要多少？是一百個？五十個？還是十個？如果沒達到這個數字，你會怎麼做？

這些對話從來都不容易，但在推出新產品或新功能前，最好進行這些對話，而不是事後趕快搞清楚這 150 個新用戶到底好不好。

---

**當「以資料為基礎」的產品管理讓我們遠離使用者時**
**Mytle P.**
**SAAS 新創公司的產品主管，負責管理 400 人團隊**

幾年前，我被派去改進一個用戶網站上的功能效能。我的工程師同事提出一個有力的假設：每毫秒的延遲都會讓跳出率大增。我們認為，如果能減少功能載入的延遲時間，就能大幅提高用戶的互動。這是產品經理夢寐以求的「做出改變、推出指標、為企業贏得大勝利」的情境。

問題在於，這個功能是一個相當古老的軟體，而載入時間的增量變化意味著需要進行重大的開發工作。與我共事多年且信任的工程師明確告訴說：「唯一的方法是從頭開始重建整個系統。」因此，我支持這種方法，並估計需要大約四個月的時間。這是一個巨大的時間投入，但是，考慮到它產生的巨大影響，似乎非常值得。有幾個人告訴我這是一個糟糕的主意，但我看到了前景的巨大勝利，並認為可以實現。

一開始預期的四個月，後來變成了兩年。在這段時間裡，要一邊重寫整個核心產品真的是太困難了，而且很多問題是在進行的過程中才想到的。最糟的是，這兩年裡，我們

> 沒有提供任何對客戶真正有幫助的東西。**我們走的這條路看似很確定，但卻忽略了使用者真正想要達到的目標**。我們沒有真正確認毫秒級載入時間對使用者是否真的有問題，而是找了一個容易量化的目標，理論上有很大影響，然後就決定去優化它。
>
> 回想起來，這種做法之所以吸引人，正是因為我們不需要做大部分產品經理可能不願意承認的事 —— 跟很多客戶談。我們選了一條盡量不從客戶那裡學習的路，我覺得這不是偶然的。我們沒有努力去了解其他可能的用戶問題，然後評估可能的解決方案，像 Teresa Torres 的 Opportunity Solution Tree（*https://oreil.ly/du5IJ*）那樣，我們在資料裡找了個看似有道理又能辯解的問題，跳過了一些步驟。如果在跟用戶交流之前先採取行動，我們本來就可以省下很多時間跟痛苦。

---

## 實驗及其不滿

「資料驅動的實驗」觀念是現代產品管理的核心，而且非常重要。在投入大量資源和時間建立某個東西之前，應該儘可能了解它是否有可能在現實世界的市場上得到真正客戶的認同。

理論上，實驗應該能客觀地解決問題，這些問題可能會透過沒有根據的觀點或是組織政治得到解答。然而，在實際操作上，我常常看到實驗產生相反的效果。很多團隊不是用實驗來解決爭議，而是就實驗本身進行爭論，討論實驗是否執行得當、實驗結果是否真的有意義，以及是否值得進行實驗。這樣一來，原本應該以實驗來釐清問題和解決爭議的目的就喪失了。

很多年來，我都在努力搞清楚為什麼會發生這種事，以及可以為此做些什麼。然後，在 Tim Casasola 的一本超棒時事通訊《The Overlap》（*https://oreil.ly/oJNk3*）裡，我讀到讓我大徹大悟的一句話：「不用證明價值，做就是了！」（*https://oreil.ly/3dXpM*）。

換句話說，不要為了只是向你的同事證明某些東西理論上可以為你的使用者提供價值，而進行實驗；應該以為使用者帶來價值的目標而進行實驗。

我因此受到啟發而去聯繫一些產品經理，他們最近的實驗成功地改變了團隊的工作方向，還有一些實驗失敗的產品經理。果然，有一個明顯的模式：最有影響力的實驗是為了真正為使用者創造價值。這些成功實驗的動機不是「推出一個小功能，做些數學計算，看看它對用戶是否有價值」，而是「推出一個我們認為對用戶有價值的小功能，看看它對用戶是否真的有價值」。

我們回到之前的例子，一個負責改善電商應用程式結帳體驗的團隊。身為團隊的產品經理，你想在對重要業務流程做大變動前，確保團隊在正確的方向。你相信把結帳流程的兩步合成一步可以提高轉換率。但是，要達到這個目標，你得挪動「推薦產品」區域，那是另一個產品經理負責的。他對你的想法不感興趣。所以，你們同意做個實驗，看看簡化流程是否能提高轉換率，以及會不會影響「推薦產品」區域的使用者參與。

你向一小群使用者推出這個實驗，並焦急地等待結果。如預期的，轉換率有顯著的統計增加！但是，點選推薦產品的使用者數量也有顯著的統計減少。從某種意義上說，你和另一位產品經理都是「對的」。你們開始爭論各自的指標更重要。經過幾個月的爭論，沒有真正的進展，走最簡單的路線似乎越來越有吸引力。最終，實驗被認為「不確定」，沒有做出任何改變。

好，現在我們來想像你選了另一種方法。面對另一個產品經理的反對，你從用戶角度再次體驗結帳過程。你很快就發現到，有很多用戶點擊「產品推薦」是因為他們卡在結帳過程中，可能產生錯誤點擊，甚至遺棄購物車。你越想越懷疑這些推薦的位置能否真的對用戶有價值。

於是，你開始了解有多少用戶點擊推薦後完成購買。你應該還記得最初的例子，細粒度的資料是不可用的。所以，你聯絡支援團隊，看他們有沒有可以分享的資訊。果然，有些用戶抱怨在結帳時不小心點了推薦產品。為了更明確了解用戶期望，你花時間研究其他電商的應用程式，發現大多數是把產品推薦放在購物車頁面，而不是結帳流程中。現在你有頭緒了。

你跟另一個產品經理提議：根據研究，如果把產品推薦移到購物車，並簡化結帳流程，對所有用戶都更有價值。你相信這對用戶、公司和兩個團隊都有好處：畢竟，更多用戶完成結帳意味著更多人買公司產品，包括推薦的。你提議實驗，確定這種更新的購物車和結帳體驗能否提高轉換率，並明白這對兩個團隊是最有意義的指標。另一個產品經理勉強同意了。

設置這個實驗比原計畫花更多時間，需要你和推薦團隊合作。但推出的新體驗是你真心覺得能帶來更多價值的。果然，你看到轉換率顯著增加，推薦產品參與率略有下降。但這次，另一個產品經理沒那麼快宣布你的實驗失敗。你們在最有意義的指標上達成共識，實驗對這個指標產生了重要且明顯的影響。而且，因為你們和產品推薦團隊在這個實驗中合作，他們也可以分享實驗成功的一部分。你們一起向公司領導層展示實驗結果，強烈建議將新的結帳體驗推廣到更多用戶。

就像這個例子說的，討論實驗的方式通常比實驗本身還重要。簡單來說，沒人喜歡受他人指責。當你做出真正對使用者有價值的產品，就能更容易打破僵局並取得進展。而當你努力做出的產品沒能創造價值，你可以和團隊一起更深入了解導致失望結果的假設和誤解。

## 世界上最無用的 A/B 測試
## G.L.
## 產品經理，消費者技術新創企業

在我剛開始做產品經理時，我和團隊中的一個設計師在應用裡按鈕的顏色和位置上有不同意見。我們在做一些小改版，我覺得按鈕目前的樣子比設計師提出的新版本更吸引人。身為一個好的「資料驅動的產品經理」，我建議用資料和實驗來解決這種分歧，我們做個簡單的 A/B 測試，設計師也同意了。

我們用一個做這種測試很不錯的系統，不到一天就把一切都設定好了。幾週後檢視測試結果，結果竟然讓我非常震驚且驚訝，我錯了。設計師的版本不僅表現得更好，而且還在統計上顯著地更好，這意味著必須馬上使用她建議的改變。我走到她的辦公桌前，感到羞愧，但也為自己能用真正的使用者資料解決爭議感到驕傲。她笑著說：「嗯，我看了結果，我們應該維持原狀，把精力放在其他事情上。」什麼？她跟我說：「雖然結果在統計上顯著，但整體來說，使用者對這個按鈕的關注度不高。考慮到這只是應用程式的一小部分，而且我們已經花了相當多的時間在這上面，我覺得我們最好把時間花在其他地方。」

這位設計師給了我一個很重要的教訓：就算一個測試有「統計上顯著」的結果，也不見得對公司或使用者有多重要。**我之前太想靠「科學」的方式來做事，結果忽略整體情況。我更在乎那些可以量化和測試的東西，而不是真正能讓公司有更好成果的事**。現在我試著先從機會的大小來了解：有多少使用者真的和這個東西互動？互動多有意義？如果只是小菜一碟，那麼靠「資料驅動」的實驗可能就是個真的沒用的練習。

## 從「責任」到行動

很多組織想透過讓產品經理負責特定指標的明確變化，來推動他們的「責任制」。理論上這確保產品經理會先考慮結果，專注在能讓產品和公司朝好的方向前進的事。

可是，在實際操作中，我常常看到這樣反而造成反效果。當產品經理要直接負責達到特定的數字時，如果他們覺得達不到那個數字，他們通常就失去興趣了。比如說，如果你要負責讓新增使用者成長一定的百分比，但競爭對手推出了一款你知道會削弱你市場占有率的產品，你可能就會想放棄，做好面對不愉快的季度檢討的心理準備。事實上，如果你一開始就意識到評估你的指標是成功之路的單程車票，你同樣可能會失去興趣。

在資料驅動的「責任」方面，產品經理面對一個很讓人擔心、很難的挑戰：該怎麼讓人負責一個最後超出他們控制範圍的事情呢？就像我們討論過的，對我們業務來說，最有意義的結果通常是由使用者行為和市場動態決定的，而這兩者都是非常複雜的系統。很難確定這些系統裡的任何變化都歸因於一個因素，像是新功能的上線。不過，就像我們在第 10 章討論的，產品經理和他們的團隊必須有明確的目標，即使他們的工作對這些目標的影響常常不明確，也難以量化。

那麼，你該怎麼平衡具體的量化目標和你對這些目標的直接影響力可能有點非線性和模糊的關係呢？這個問題很難回答，也沒有一個明顯或全面的答案。大致上，我發現明確地重新定義以指標為基礎的責任制對產品經理很有幫助，不是要達到特定的量化目標，而是要讓團隊的努力和量化目標保持一致。我通常把這分成六個具體的責任：

- 了解你的關注指標是哪些，以及它們跟整體團隊和公司目標有什麼關聯。
- 給這些指標設定明確而具體的目標。

- 了解這些指標目前的狀況。
- 找出導致這些指標出現這樣情況的根本問題。
- 確定你和你的團隊能有效解決哪些潛在問題。
- 制定優先行動計畫來解決這些問題。

從整體上看，這六個要點可以幫助產品經理跟團隊的目標保持聯繫，不管這些目標表現好不好。如果你負責的數字往正確的方向走，但你不知道為什麼或該怎麼做，那麼你就沒有做好產品經理的工作。但如果你負責的數字往錯誤的方向走，你卻花時間去了解原因並制定行動計畫，那麼你就是在做好產品經理的工作。

## 摘要：沒有捷徑！

如果你認真運用資料驅動的產品管理概念，你可以獲得看似神奇的、毫不費力的未來。然而，資料僅是幫助你了解使用者和產品的關鍵工具，它不會替你做出決策，因此你需要承擔責任去理解需要做出的決策，找到最佳資料來協助你做出這些決策，並與其他主觀的人一起實際執行這些決策。

## 你的檢查清單

- 認識到資料驅動的方法仍然意味著，你必須設定優先順序並做出決策。
- 避免使用「資料」這個名詞概括資訊，應該說明資訊的內容及收集方式。
- 明確了解哪些指標對你的團隊很重要，以及這些指標如何與你的目標和戰略相關聯。
- 在產品上市或任何有可測量結果的行動前，要具體說明你預期會發生什麼。

- 以「生存指標」補充你的成功指標，以便於進行事先討論，確定哪些結果可以或不可以保證對新產品或功能進行持續投資。
- 以創造使用者價值為目標，執行實驗，而不是向同事證明自己。
- 承認你的工作對高層業務成果，例如成長和收益，所產生的具體影響始終難以量化。
- 使用具體的量化目標和指標來優先安排團隊工作，而非評估你作為產品經理個人的成功或失敗。

12

# 優先事項：一切匯聚之處

如同我們在前幾章所討論的，做出重要決定之前，有許多方法可以解決問題。你可以製作令人印象深刻的華麗投影片簡報！你可以展開嚴肅而激烈的辯論，探討「使命」和「願景」之間的差異！你可以深入研究儀表板，並堅持說你「需要更多資料」！

但是，總有些重要問題你得回答團隊：你要做啥呢？你要做多少？怎麼知道是不是成功？你不能做什麼？實際上，哪些事情是你應該完全不要理會的？

這些問題常常在廣泛稱為「優先化」的過程中成為焦點。這是當你和團隊一起坐下來想，接下來一段有限的時間內要做什麼。你可能會從既有的待辦清單找出使用者故事，或者與團隊合作找想法、一起規劃。但無論要你做什麼，都必須做出重要的決策。你永遠不會覺得自己有夠多的資料可以做出這些決策，達到你所期望的信心和確定性。

就是在這個過程中，具體目標、戰略、衡量標準、實驗結果，還有我們討論過的所有東西都湊在一起。對你來說，可惜的是它們湊起來的圖像可能一點也不一致，讓人很困惑、充滿矛盾。在這個時候，產品經理常常想要透過框架來用「正確」的方式確定優先順序。但是，如果你不知道團隊該往哪走，也不知道怎麼實現計畫，那麼每個優先權框架的模糊性都多到讓人受不了。如果你在用影響和努力矩陣，但具體目標不明確，那你怎麼精確地定義影響呢？如果你用 MoSCoW（M 代表「必備」）的優先權方法，但你不知道是為誰而做，那要怎麼知道什麼是必備的？

無論你使用哪一種框架，也不管你做了多少準備，在優先順序的過程中，難免會有一些時候，你會發現有個重要的問題沒有獲得解決，或者有個目標沒有想像中那麼清楚。在本章中，我們將探討如何向前邁進，以及如何做出最佳決策，無論你的團隊使用哪種正式的優先順序框架或流程。

## 一口咬下千層蛋糕

當你開始決定優先順序時，你可能要考慮公司、團隊、產品還有使用者的各種具體目標、策略和指標。理論上，這些層面應該互相配合，形成清晰的層次。但在實際操作中，它們可能更像一個又大又亂的千層蛋糕（圖 12-1）。不是每一層蛋糕都好吃，也不是每一層蛋糕都能跟鄰層相互融合。有幾層可能特別好吃，有些就可能很乾、很容易碎。你的工作就是在做每個決定時，弄清楚哪些層面值得在這個特定情況下追求。

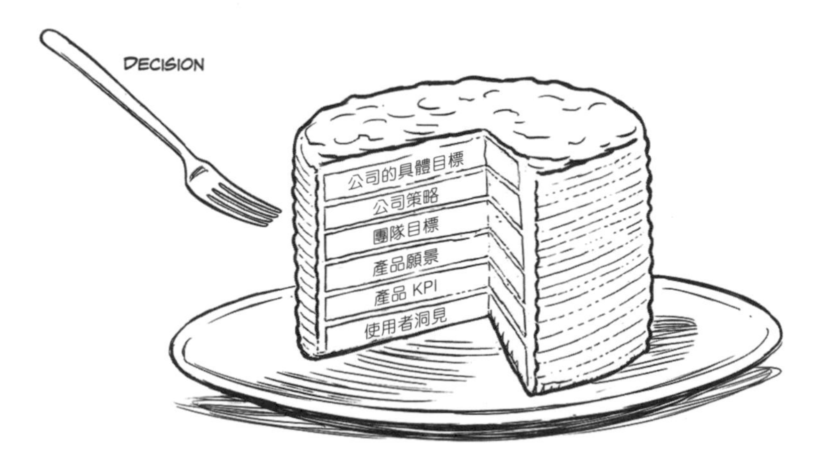


**圖 12-1** 這個千層蛋糕包含了目標、策略、洞見和其他東西。你在決定要做什麼、怎麼做以及做多少時，每個決策都是千層蛋糕裡獨一無二的一層。

公司越大，千層蛋糕可能越高、越笨重。公司越小，就越亂、越擠。每一口蛋糕都不可能完美，但你還是要努力做到最好。

舉個例子，想像你在一家大公司工作，那公司有明確的企業收益和用戶成長目標，還有明確的戰略計畫。這些東西在各種全體會議上被提到時，你點頭表示同意。但是，當你的團隊要考慮下一季的工作優先順序時，你覺得很難協調。這些計畫雖然很吸引人、措辭也很有說服力，但好像沒有直接對公司的收益目標有貢獻。你原本打算改變一下公司的核心產品，但這些計畫好像都集中在新產品和功能上。那你該怎麼辦呢？

總之，你就是要盡力。你可以了解所有可以用的層面 —— 從高層次的公司目標到具體的用戶洞察和產品指標 —— 然後試著選出對你的公司和用戶最好的那部分。比如，你可以看產品測試資料，然後確定改變核心產品，最後可能同時達到公司的整體營收目標，和你個人團隊這季度的 OKR。在這種情況下，你可能會跟公司領導層說一些理由，像是「我們選擇先改善公司的核心產品，因為我們相信這對公司的營收目標影響最大。也符合團隊的『關鍵原則』，就是要儘可能地讓現有客戶擁有最好的體驗，提高營收和留客率。」

或者，你可能在做競爭分析後發現，有一個很有趣的機會，能讓你的團隊專注於這群公司之前很少關注的新用戶。可能跟公司的戰略計畫和整體成長目標比較一致。在這種情況下，你可能需要跟公司領導層建議：「我們選擇先了解和開發針對核心產品目前服務不到的新用戶群的解決方案。這符合公司的戰略計畫，我們相信這最後會對公司的成長目標有正面影響。」

這兩種做法其實沒有絕對的對錯。挑戰就是根據你手上的資訊做出最好的決策，即使這些資訊看起來不完整或互相矛盾 —— 通常都是這樣。

## 每個決定都是取捨

每次我登入 Netflix 時，它都會問我是代表「Matt」還是「kids」（孩子）在用。我沒有孩子，而且我當 Netflix 用戶這十多年來，也從來沒有孩子用過我的帳號。那為什麼我在看《這是蛋糕？》最新一集之前，還要多做這個步驟呢？是怕我睡著了嗎？

坦白說，我從來都沒當過 Netflix 的產品經理。但我敢肯定，幾乎我認識的任何一個家長，發現他們八歲的孩子一直在看《魷魚遊戲》時，會比我一直無意識地按遙控器的確認鍵還要擔心。

現在這種無所不在的模式，說明了產品開發的一個基本事實：每個決策都是一種交易。當你增加新功能來幫助某種類型的使用者時，很可能會影響到另一種類型的使用者。當你簡化體驗，用來除去看似多餘的步驟時，有些人會大聲抱怨他們多麼想念那些步驟。而當你投入大量團隊時間和精力來建立一個聽起來令人興奮的新功能時，該功能可能根本無法證明其自身成本的合理性。

以下是經過深思熟慮且有效處理這些取捨的提示：

從小處做起

大多數時候，要做出決定之後，才有辦法評估這個決定的好壞。因此，通常最好優先考慮一些小步驟，讓你能夠收集一些反饋並調整方向。這就是我們在第 11 章討論的實驗價值所在，也是許多敏捷開發框架所附帶的時間框和固定約束可以為你所用之處。

考慮不同的使用者區隔或角色，並優先考慮其需求

就像上面的例子，不同的用戶群或角色可能有不同的需求和目標，對一個人有幫助的事情可能讓另一個人感到沮喪。比如說，為少數高價值的超級用戶提供的功能可能讓大量低價值的休閒用戶體驗變得複雜。要找出哪個群體應該優先考

慮，以及如何儘可能滿足他們的需求，可能需要從一個又大又亂的千層蛋糕中挑出幾塊又髒又亂的。

考慮不同用戶區分或角色，通常有助於減少你做的決定的負面影響。例如，你可以根據用戶現有的行為或喜好，針對特定的用戶子群推出一些新的變動。一般而言，考慮特定用戶的具體需求比試著為「大家」找到最佳折衷辦法要好。

### 記錄你的假設

即使你努力做出明智的取捨，還是得做出一些假設才能繼續。你可能會覺得，一個小實驗的結果會擴展到更廣泛的用戶群。你可能覺得團隊諮詢的特定資料集中的異常值不是那麼重要。你可能會假設，在團隊探索和交付解決方案之前，用戶的基本需求都將保持不變。與其最小化或隱藏這些假設，不如試著記錄這些假設並跟你的團隊討論。這樣，當有新的資訊出現時，你可以更快調整過程，這些資訊可能會否定你一起努力整理和理解的假設。

### 記住，你做的一切都是有成本的，即使這種成本是無形的

有時候，產品經理的工作似乎是在任何指定時間內找到最賺錢的產品，跟團隊一起開發產品，然後繼續下一個產品。但要記住，團隊的時間是企業的成本，如果不能證明這種成本是合理的，最後可能需要證明團隊的存在是否有價值。如果團隊正在考慮建立的產品似乎影響力不大，請考慮如何擴大或重新調整團隊的具體目標和策略，以更符合公司的整體目標。

高效的產品經理不會迴避說明他們做取捨的缺點。這樣做有助於讓他們的團隊、組織和領導者更放心推進決策，這些決策理想上都是為了進步，而不是完美。

---

## 從細微處著手，讓傳統公司產生大變革
## Geof H.
## 產品負責人、紙張和包裝企業

我最近在一家從事紙張和包裝的公司當產品主管。這是個很刺激的領域，有很大的潛力，可以改進和很多人、公司生活密切相關的產品。但在十多年的產品研發經驗中，我知道你不能隨便走進一家公司就說：「你們的公司已經過時了！你們應該像一家數位化企業一樣！」要推動真正、持久的變革，你需要快速把創意變成成果，讓公司知道這些事情是真的可以做到，而不只是矽谷的空想。

所以，我一開始工作，就先去認識工廠的總經理，他們最了解公司每天的目標和挑戰。我問他們最大的挑戰是什麼，得到了很明確且一致的答案：消失的托盤。這答案很有道理！想像一下，你在組裝一個複雜的商品展示架，裡面有一百個物品，而一個放有十二個物品的托盤不見了。突然間，你可能要重新安排整個作業，這會讓生產速度變慢。所以我問其中一位總經理：「如果你永遠知道東西在哪裡，會怎樣？」答案讓人振奮：「對啊！如果你能做到這點，你在我們工廠裡想做什麼就做什麼。」

從技術角度看，這不是很複雜的問題。我們可以用現成的商業感應器做出一個解決方案的原型，替那位總經理帶來真正的、即時的成果。這就是我的策略：讓總經理當英雄。你可能有自己的抱負，想要「改變」或「顛覆」這個行業，業界人士需要知道，這將如何幫助他們達到自己的目標。**如果你能為某個人解決一個真正的問題，他們會告訴他們的老闆、老闆的老闆這個事，然後你就會發現整個公司都在支持你的工作。**

---

## 記得整體的體驗，別忽略任何細節

很多人已經寫過產品團隊和組織如何容易變成「功能工廠」，製造出一堆聽起來很吸引人的功能，但卻無法真正為企業或使用者創造價值。（在這裡，我再次推薦 Melissa Perri 的優秀著作《Escaping the Build Trap》）幾乎每個產品經理都曾抱怨過，他們的公司只注重產出功能，卻假裝關心使用者。但幾乎每個產品經理（包括我自己）都曾為此問題貢獻過，因為他們優先考慮最容易管理的功能，而非對企業和使用者影響最大的功能（和非功能）。

實際上，這通常意味著優先考慮那些最不需要與其他產品經理和團隊協調的功能。幾乎每位產品經理都被賦予對應用程式特定部分、成功指標和／或使用者旅程的隱含或明確權限。而幾乎每位產品經理都傾向於優先處理可以在自己負責範圍和團隊舒適界限內完成的工作。

原因很簡單：產品管理已經夠難了，因為真正需要協調的唯一利害關係人是每天與你一起工作的設計師和開發人員。一旦你需要與其他產品團隊協調，還需要處理他們的目標、抱負、期望和內部不協調。謝了，不用了。

難以忽略的事實是，跨越多個團隊職責範圍的功能和改進，幾乎毫無例外地對企業及其使用者產生最大的影響。2013 年，Alex Rawson、Ewan Duncan 和 Conor Jones 撰寫一篇名為〈The Truth About Customer Experience〉（*https://oreil.ly/mOo97*）的文章，刊登在《哈佛商業評論》上，提出了一個在產品管理討論中經常被忽略的關鍵點：從客戶的角度來看，產品最重要的部分往往不是其個別「功能」，而是這些功能如何結合在一起創造出無縫且凝聚的體驗。

總之，對產品經理來說，最需要優先考慮的事情往往是最令人沮喪和難以執行的事情。這導致許多產品經理和團隊盡職盡責地避免對產品中最相互關聯的部分進行任何更改，進而使現代產品感覺像是一堆不相關的功能，而不是無縫且易於導航的體驗。

對於這種反其道而行的模式實例，我們不需要看得比一些數位產品公司的旗艦產品更遠，在會議演講和白皮書中經常提及這些公司的「最佳實務」。我這樣說並不是為了無端地批評這些公司，而是為了指出沒有人能夠完全掌握這一點，真的。沒有一個單一的營運模式或產品組合管理框架可以解決現場協調、合作和深思熟慮的決策制定所需的大量工作，進而使複雜產品的各個部分以使用者為中心的和諧方式運作。

那麼，對在職的產品經理來說，這意味著什麼？簡單說，這意味著無論你所在組織中的資訊孤島和界限在哪裡，你都得努力跨越這些障礙。以下是一些小技巧，可以幫助你找出、優先處理並執行超出你團隊職責範圍的機會：

定期用你自己的產品完成整個任務和旅程

確保你真正了解使用者現實的一種方法，就是定期像真正的使用者一樣用你自己的產品。別只是做有限範圍的測試和功能展示，試著註冊新帳戶，完成對特定使用者類型或角色最重要的一整套任務或旅程。你可能會發現，改善整體體驗最有意義的機會，並不是明確涵蓋你團隊的工作，或者任何單一團隊的工作。

從團隊目標開始，而不是戰術相依

在跨團隊協調時，很容易先從確定需要解決的戰術依賴關係開始，好讓工作繼續進行。但這些依賴關係很少能吸引你的注意，也不一定能滿足你要滿足的使用者需求。在深入了解基本依賴關係之前，先討論如何協同工作以最大化你的影響力。由於涉及多個功能或產品領域的工作對使用者（以及企業）來說往往具有特殊價值，所以你可能會發現這種基於目標的對話會改變你們合作的氣氛。從「嗯，我們得協調很多不同的小事」變成「哇，我們可以做出真正重要、有很大影響力的改變」。

### 看看減法解決方案

最近有篇在《Nature》雜誌上廣泛分享的文章（*https://oreil.ly/X8QE8*）講到，我們的大腦在考慮減法解決方案前，容易先想到加法解決方案。對我和其他產品經理來說，這解釋了為什麼很多問題的答案都是「加個功能吧」，即使問題是「我們的使用者覺得功能太多了」。觀察多個功能或產品領域的好處之一是，你可以找到減少或簡化功能的機會，如果只看產品本身的部分，這會更加困難。

例如，以前我和一位產品領導合作過，他提供了 5000 美元的獎金，鼓勵產品經理成功說服刪掉應用程式中的某個使用者設定。當然，刪除設定通常會影響很多產品經理和團隊的工作。不過，這筆獎金能激勵產品經理協調各團隊的工作，即便最後獎金要分給好幾個人。

### 再出發吧，從小事做起

參與某件事的團隊和人越多，賭注似乎就越高。這反過來會讓焦慮和風險規避更嚴重。在你們一起重新評估使用者體驗的大部分時，找找看能從哪些小改變開始。量測這些改變，分析結果，然後繼續往前走。

再提醒一次，沒有任何產品組織能完全解決這個問題。如果覺得你們公司的運作模式或組織結構似乎是特別為了阻止團隊合作而設計的，也別放棄。記得使用者的真正需求，別怕跨越團隊或領域去實現最好的結果。

## 把閃亮的點子變成有價值的寶藏

當你努力把重點放在對使用者和企業最重要的事情上時，你可能會不斷收到各種新功能的閃亮點子。沒有一個完美的策略可以完全擋住這些點子，你可能會覺得你的工作就是竭力抵制這些「閃亮的東西」。但人們通常不喜歡看到自己的想法被打擊，你的目標最後不是拒絕利害關係人，而是幫助他們做出最好的決策。

首先，當有人對新點子感到興奮時，別用潑人冷水的方式回應他們。跟提出點子的人合作，了解讓他們一開始就對點子感到興奮的原因，或許這個新點子反映了公司戰略或優先事項的變化，這是你原本不知道的；也許競爭對手的新功能受到了很多正面報導，值得深入研究；也許有人只是覺得某件事很酷，想分享給你。不要直接反對閃亮的新創意，而是看看你能否把新創意引導成對你的使用者和企業最有價值的創意。如果你努力去了解一個閃亮的新功能如何解決使用者真正的問題，你就更有可能想嘗試解決該問題的各種不同方式。

舉個例子，假設你團隊裡的一個開發者很想要提供一個功能，就是讓使用者可以用一個你覺得不會紅的社交平台帳號登入。這個開發者已經跟客服部門協調過，找到了一些使用者要求用這個新平台帳號登入的例子，並在優先事項會議上提出。你暫停了一下，試著壓抑自己的挫折感。這個人怎麼會覺得這麼冷門的功能值得優先處理呢？為了快速解決這個建議，你提了一個跟目標相關的問題：「有趣耶……那你覺得，因為沒有現在這個功能，有多少真正的使用者無法登入呢？」開發者只能無奈地點頭認同，你成功讓團隊保持在正確的方向。

但不幸的是，你可能也錯過了一個重要的機會。這個想法讓你的開發者感到興奮，足以在優先事項會議前就深入了解使用者回饋！也許這位開發者真的熱衷於改善使用者的整體登入體驗，這可能會引發一個重要的討論，談論一些不那麼閃亮新穎但可能更有影響力的想法，例如改善密碼恢復流程。也許這位開發者讀到了關於那個社交平台如何採用真正新穎有趣的方法進行身分驗證流程的文章，這可能會引發一個重要的討論，探討什麼是理想的身分驗證流程。這個想法讓你的開發者有很大的動力，但如果你試圖完全拒絕他們的建議，你就無法利用這股動力。

用這種方法，你可能會對一開始覺得不值得研究的新點子，有比較開放的態度。這是另一個讓你的團隊不只參與執行，還能參與學習、思考和嘗試的重要機會。但不幸的是，如果你不明確地把這些活動放在團隊的時間和精力優先順序裡，這些活動通常就會被忽略。在敏捷開發的術語中，用來學習、研究和／或實驗（而不是建構或寫程式碼）的有限時間，通常稱為「尖峰」。就像第 7 章〈談談「最佳實務」最讓人崩潰的事〉所提到的，用這種特定的語言有助於傳達你不是隨便從執行工作中抽時間，而是有意識地把時間優先安排給深入探索如何最好地處理執行工作。

在這裡，指導原則「全力以赴，追求成果」提醒我們，成功的執行不只是做很多事情，而是要優先考慮那些最有可能幫助我們達到目標的活動。我在團隊裡親眼所見一些重大產品決策，是來自將「研究五種可能的實現方法，以更了解這個功能」列在下週待辦事項清單最前面的舉動，而非列出「寫一大堆程式碼來完成這個功能」。

---

**使用原型來驗證或否決功能想法**
**J.D.**
**產品經理，50 人的娛樂新創公司**

當我在一家有 50 名員工的娛樂公司工作時，我們想出了一個超酷基於地理位置的特色。當我開始這個工作時，這個想法已經流傳了一段時間，但我負責擬定簡單的規格、取得整個組織的認可，並確保它在我們的發展路線圖上有一席之地。

花了幾個月計畫後，我們準備開始動作了。在一次跟產品團隊討論優先順序的會議上，我們討論了好幾種可能的方法來啟動這個產品。一開始，大家都在談論很技術性的東西，像是怎麼實現基於地理位置的功能。有個開發人員想用開源專案，雖然這個方法要做的事比較多，但不用額外花錢。另一個開發人員則有他們喜歡的合作廠商，雖然費用較高，但工作量也少一些。

喜歡挑戰技術的開發人員選擇用開源來解決問題，提議給她兩週時間，看她能不能做出一個可以感知地理位置的原型，測試開源方案的可行性，然後再決定。我對用原型開始這個計畫有點緊張，因為這不一定會引領我們到真正的功能，但大家都很興奮，所以我們同意繼續。

兩週後，我們訂了個時間讓開發者展示她做的原型。在她看來，這是個很成功的技術成果。她成功建立一個基本的概念驗證應用，只要符合我們在產品規格中寫的地理位置條件，就會發出警報。她用她喜歡的免費開源方案完成了這項工作。

但是，當她介紹她建立的解決方案時，團隊有些人開始想：這個功能對使用者真的有用嗎？聽了開發者介紹她怎麼用這個原型後，我們對於想像中的完整功能是否真的有價值產生了很大的疑問。因此，我們決定不再繼續開發這個功能，而是找幾個同事試用這個原型，看看它是否能指出一個真正有用的功能。

才過了一個禮拜，我們就很清楚地看到這個功能其實沒有想像的那麼有價值。我們原本以為可以利用特定的地理位置標準來客製化娛樂體驗，但實際上並不如想像中那樣經常遇到，而且觸發警報時，似乎也無法符合同事的實際需求和偏好。

對啊，最好是跟組織外的使用者一起測試原型。內部測試最大的風險就是，你可能會認可一個對使用者沒啥用的想法。我們成功推翻一個大家都以為很棒的想法，這讓我很自豪。我們原本只是想做個技術性的概念驗證，但實際上卻是測試要建立的功能對使用者有沒有價值的重要方法。
**兩週的原型測試可能省下六個月的開發時間，而這段時間原本對達成組織目標沒啥幫助。**

---

## 但這是緊急事件！

理論上來說，安排優先順序的主要作用就是確定在特定時間內要做哪些事，哪些事不用做。但實際上，每個組織都得處理「緊急」的請求。（我們在第 5 章結尾談過類似請求。）為了讓產品經理不顯得過時，我常建議用樣板收集表格來處理這些請求。以下是一些好的起點問題：

- 問題出在哪裡？
- 誰報告了這個問題？
- 這會影響多少個使用者？
- 此問題如何影響公司層級的目標，例如營收？
- 如果這個問題在未來兩週內得不到解決，會發生什麼情況？
- 如果這個問題在未來 6 個月內得不到解決，會發生什麼事？
- 請問進一步討論或解決此問題的聯絡人是誰？

根據你組織的情況，你可以自訂樣板範本，適應喜歡功能的行銷團隊、最後一刻要求客製化工作的客戶管理團隊，甚至是習慣把新發現的問題優先權排在原本該做的工作之前的開發人員。你也可以微調關於受影響使用者人數的問題，以及根據你組織內資訊的可取得程度，可能產生的潛在後果等特定問題。（或者，更好的做法是，將此範本用作使資訊更易於存取的起點！）

在很多情況下，我發現只要有個範本在，緊急請求就會明顯減少。畢竟，衝進（聊天）室說「要馬上修好」比坐下來算一下你要求別人幫你做的事有多大影響容易多了。

## 實際的優先順序：同樣的選擇，不同的具體目標和策略

想像一下，你在一家靠廣告賺錢的影片新創公司當產品經理。你們從網路上收集影片，做成「個人化影片播放清單」，人們可以在派對、上下班途中或只是想消磨時間的時候看。你知道現在的短片市場很大，也知道隨著影片市場越來越分散，個人化聚合有很大的潛力。

當你坐下來準備下一次優先順序會議時，你會看到下一季的路線圖上有五個項目：

- 連線到新的顯示廣告網路。
- 新增社群分享功能。
- 建立贊助視訊播放清單的功能。
- 改進個人化演算法。
- 新增 Android 版本的應用程式（目前只提供 iOS 版本）。

公司成立以來，有些想法一直在內部討論。有些原本上季該完成，但被延後了。有些則是因為資深利害關係人老是在問，你覺得說「好的，我們會放進路線圖」比起爭論一些你暫時不用考慮的細節容易多了。

跟平常一樣，這些事情之間都差蠻多的。目前還不太清楚選擇建構這項的理由為何，或者需要什麼資源。所以，你轉向尋找公司目標。等等，目標？這是新創公司啊。你翻翻創辦人的舊郵件，找到一封標題為「我們的使命」的信，寫著：

> 我們的使命就是要完全改變大家看影片的方式。藉著從網路上聚合影片，用機器學習做出「個人化播放清單」，我們可以顛覆整個媒體行業，讓使用者有更好的體驗。

「好，」你心裡想，「看起來我們有個類似目標的東西（改變人們看影片的方式），還有個類似策略的東西（用機器學習做個人播放清單）。」那你要怎麼排序這五個可能的想法跟目標呢？不容易對吧？

現在，假設你決定跟創辦人坐下來聊聊，看看這個任務能不能有效地幫你指導你跟團隊做出具體優先順序決策。你跟他介紹團隊路線圖上的五個項目，他也同意公司的使命宣言沒提供太多戰術上的指引。所以，你們決定草擬一些季度目標，幫助團隊優先處理未來的工作。你們也同意用這些目標跟團隊即將優先處理的實際路線圖做測試，來完善這些目標。

經過一番思考，你最後決定下一季度採用 OKR 風格的目標：

> 高層這季訂的目標是讓我們的產品出現在現有跨平台看影片的人面前。若有以下情況，就可知道我們在實現這個目標的路上：
>
> - 每週的應用程式下載量增加了 *200%*。
> - 下載應用程式的使用者，有 *70%* 已完成建立帳號。
> - 每位使用者所連線的視訊平台平均數目已從 *1.3* 個增加到 *2* 個。

你知道這個目標跟相對應的成功指標並不完美或完整，但是跟創辦人一起檢視時，你至少可以刪掉一些項目（尤其是那些可能增加營收，但不影響使用者成長的）。有些想法需要再研究一下（如果現在沒有 Android App，會失去多少使用者？）但至少你清楚知道該怎麼繼續。可能有些銷售人員會因為你沒先處理他們的優先事項而感到不滿，但你不太擔心，因為你的選擇明顯是基於公司整體目標所驅動的。

現在，想像你和創辦人的對話有很大的不同。開完會後，你會得到下一季以下 OKR 式的目標：

> 我們下一季的高階目標是提高公司利潤，同時盡量減少客製化開發的需求。若有以下情況，則這個目標就會實現：
>
> - 整體收入成長 *30%*。
> - 自動化廣告系統的收入比例從 *30%* 增至 *60%*。
> - 保持或超過目前的用戶成長率。

這些目標雖然不完美或完整，也不能確切告訴你要為誰建立什麼，解決什麼問題。但它們給了你一些明確的指引，讓你知道現在可以做什麼，以及如何實施路線圖上的某些項目。（你能否建立一個「贊助影片播放清單」系統，而不增加客製化開發工作？）

希望透過這些情境思考，可以幫助你明白保持策略和實施一致的重要性，以及在做實際優先順序決策時，目標、策略、目的和指標如何一起變得模糊。不要讓這些阻礙你做出最好的決策，也不要讓它妨礙你和團隊緊密合作，共同做出這些決策。

## 摘要：遠大思維，從細微之處開始

決定工作內容、方法、時間，可能是產品經理工作中最讓人焦慮的部分。公司策略不一致、缺乏關鍵資料以及團隊內部不協調，都可能讓你覺得每個決定都會犯錯。但是，產品管理很少能讓我們絕對自信地知道自己做的決定是對的。利用這個讓人不快的現實，把大計畫和決策分成小步驟，讓你可以收集回饋、重新評估並在需要時調整方向，發揮你的優勢。

## 你的檢查清單

- 別指望公司和團隊的目標、策略、目的和指標能完美地配合。把它們當成亂七八糟的千層蛋糕，並在每個決策中找出最好的選擇。
- 要知道，任何正式的優先框架仍然依賴主觀概念，比如「影響力」和「必須建立」。無論你選擇哪種框架（如果有的話），你仍然需要在資訊不完整的情況下做重要決策，這種感覺可能會讓你擔憂。
- 把你做的每個決定當作一種取捨，並儘可能全面而勇敢地解釋這種取捨。
- 記下做決策所需的假設，並告知團隊，而不是縮減或忽略。
- 考慮整個用戶的旅程和任務，而不是孤立的「功能」。
- 記得，有時減少功能和功能性對用戶和業務是有增值的。並非所有問題都能透過增加更多功能來解決！
- 當同事興奮地找你想要建造某些東西時，努力去理解他們的興奮，而不是條件反射地說：不！
- 將「刺激因素」和其他機會納入你的優先活動，與團隊一起探索和學習。
- 建立一個輕量級的流程來處理「緊急」請求，而不是急著親自應對。
- 透過將你的目標、策略和目的與現實世界的產品優先順序決策進行測試，尋找一切可能的機會來縮短策略和戰術之間的距離。
- 把你的大型計畫分解成足夠小的步驟，以便收集意見回饋並調整方向。

13

# 在家嘗試：遠端工作的考驗與磨練

數十年前，也就是 2019 年中旬，我與幾位已經轉型為遠端工作的產品經理聊天。其中一位說：「遠端工作真的是太棒了，我不必浪費一半的時間在通勤上，感覺工作效率提升了！」我回答道：「嗯，聽起來不錯，但我真的無法想像不能跟人面對面地交流。我真的很喜歡為工作而出差，如果我只能遠端工作，我想我的工作表現可能會大打折扣。」

哎喲！

在這幾年，已經出版了無數遠距與分散式工作的指南，每本書都有其「有用的虛構故事」，或許能幫助你思考如何最佳地與你的分散或混合團隊合作。但正如沒有一本一步到位的指南能教你怎麼做產品管理一樣，當然也不可能有一本一步到位的指南教你怎麼做遠端產品管理。再者，遠端工作模式的花招百出，只會讓已經複雜的情況變得更加複雜。

在這一章裡，我們會討論遠端產品管理所面對的一些普遍性挑戰，以及想要搞定這些工作得付出的巨大努力和謹慎思考。注意，「遠端」通常指在集中辦公空間之外的工作，而「分散式」則通常指沒有中央辦公空間的團隊。這章討論的觀點，適用於完全分散的團隊，以及那些在現場和遠端工作之間取得平衡的團隊。

## 建立遠距離信任

曾經，我堅信沒有共享的實體辦公空間，要建立強大團隊簡直是天方夜譚。畢竟，如果你連跟同事一起吃個午餐或喝杯咖啡的機會都沒有，怎麼能和他們建立深厚的感情呢？不能在白板上一起解決問題，又怎麼能創造出有趣的合作成果呢？再者，你連跟他們待在同一個房間的機會都沒有，怎麼能建立起信任呢？

其實最後一個問題的答案可能讓人感到驚訝。在一篇名為〈Remote Work Insights You've Never Heard Before〉的優秀文章中（*https://oreil.ly/LCohz*），工程領導者 Sarah Milstein 大膽宣稱：「分散式團隊往往比在同一地點的團隊信任度更高，因此表現更好。」Milstein 提出幾個原因，但我最感興趣的是她引用了 Debra Meyerson 在 1996 年提出的「迅速信任（Swift trust theory）」觀念（*https://oreil.ly/M7shY*）。Meyerson 研究了如何在臨時團隊中迅速而明確地建立信任，Milstein 指出這種動態在分散式團隊中也可能出現。簡單來說，如果你和同事不在正式且長期存在的實質團體和社交結構中工作，大家就需要快速選擇信任彼此。你們無法偷看對方在幹嘛，也無法算誰最早到公司或最晚離開（不過，如果你真的非常非常非常想這麼做，可以透過數位代理來模擬這些低信任行為）。

值得記住的是，雖然迅速信任可以加速分散式團隊成員彼此信任的決定速度，但這個決定仍然是由擁有自己背景、經驗和期望的複雜人士所做出的決定。沒有一個單一的配方或戰術手冊可以建立不同團隊之間充滿不同人員的信任。要真正建立任何團隊（特別是分散的團隊）上的信任，重要的是超越規範的「最佳實務」，並促進有關該團隊中的個人期望合作方式以及理由的對話。

例如，最近引起熱議的是，分散式團隊的成員在會議中是否應該開啟視訊攝影？有人認為這對建立信任至關重要，而另一些人則認為這可能給現實中在家工作的人帶來不必要的壓力。這場辯論顯示分散式團隊讓人最不舒服的事實：每個人都是不同的，每個團隊都是不同的，而將工作從一個公用的場所，轉移到工作與家庭空間的混合體，只會增加這種複雜度。

一位經驗豐富的產品領導者 Rachel Neasham，在遠端團隊建立信任的能力得到同事讚譽有佳的評價，她在這方面提供了非常有價值的觀點：她喜歡從「如何創建一種文化，讓人們渴望在遠端通話中深入參與？」的角度思考，而不是「我們應該實行視訊的開啟規定嗎？」Neasham 指出，即使大多數人都遵循視訊開啟的規定，這也可能造成同事之間互相批評，進而破壞信任。「這很有趣，」她告訴我，「像是否開啟視訊攝影這樣的戰術問題，幾乎總是更深層問題的徵兆。」

確實，一旦深入挖掘這些問題，你會很快發現沒有一個標準答案適用於高效運作的分散式團隊。就像第 8 章討論過的，團隊通常會有些小改變，並檢討這些改變來持續前進。

---

### 解決分散式團隊中跨語言障礙的衝突
### Lisa Mo Wagner
### 產品教練

幾年前，我發現自己與一位工程窗口在如何進行一些重構工作方面意見相左。我曾多次有過這樣的對話，通常能夠與開發人員密切合作，了解這項工作的重要性並確定工作重點。但這次，我和工程窗口在彼此間的交流中碰到了很大的困難。我們都在使用第二語言工作，來自截然不同的文化背景，並試圖在地理上是分散的團隊中建立信任。我無法擺脫這樣的感覺：我覺得他認為我是一個糟糕的產品經理，這使我們越來越難以共同完成所需的工作。

我尋求一位值得信賴的同事，他建議我以書面形式向我的工程窗口提供意見。希望我寫出幾個共同努力中遇到困難的情況，並清楚地描述從我的角度看起來的樣子，這樣他就有時間離線處理這些資訊，然後我們就能更容易地討論它。於是，我寫下了幾個例子，發給了我的工程窗口，我們在下週安排半個小時的時間一起討論。

總之，我們最後談了兩個小時，是一次令人難以置信的交流。我們逐條討論我發送的意見，顯然有共用的書面紀錄，使這次對話變得比以往更容易。當我們討論到我記錄下的其中一個情況時，他對我說：「我記得這個情況，但我不記得它有那麼糟糕。為什麼你覺得這很困難呢？」我向他解釋，這讓我覺得他認為我是一個糟糕的產品經理，反過來讓我心生防備。他聽了一會兒說：「我不認為你無能。我覺得你是一個非常出色的產品經理。我只是不同意你說的某些觀點。」就在那一刻，我們意識到彼此對對方都有很多假設，並同意放下這些假設，真誠地共同努力。

那次通話結束時，我們講起龍與地下城的笑話，一起開懷大笑！也許更重要的是，我們深知，如果能更直接、更坦誠地相互交流，一開始的工作關係就會非常美好。當你在一個分散式團隊中工作，尤其是在一個全球分散式團隊中，很容易回到自己的假設中。**要克服跨地理、語言和文化隔閡，直接交流需要勇氣和努力，但這絕對是值得的。**

---

## 簡單的溝通約定能樹立真誠的信任

「信任」這個詞，龐大又模糊，許多團隊都難以找到具體、實際的步驟來建立信任。在過去幾年裡，我驚訝地發現，建立團隊信任最直接的障礙往往是日常溝通期望的不一致。當我讓團隊具體描述那些導致信任減弱的情況時，很多情況都很簡單，比如「我以為他們會回我的郵件，但沒有」或「我收到太多來自隊友的訊息，無法應付，擔心他們會認為我在敷衍他們。」

幾年前，我和自己的一個小型分散式團隊親身經歷了這種情況。當時，我的一位業務夥伴隨時往返紐約和利馬，另一位則是往返於紐約和馬德里，而我剛搬到了俄勒岡州的波特蘭。某個星期六下午，我和妻子在市區散步時，聽到一連串的警報聲從口袋裡響起。叮！叮！叮叮叮！我查看了手機，發現是我的一位業務夥伴在我們共同編輯的 Google 文件上留下了一串評論。我當場停住了腳步，搖了搖頭，對妻子說：「對不起，我可能該回家了。這看起來很重要。」

回家的路上，我心情越來越不好，我的業務夥伴怎麼能直接用那樣的訊息轟炸我？這是有多缺乏信任的合作方式？我到底算不算是一個「夥伴」？等我和妻子回到家時，我已經火冒三丈了。我拿起電話打給我的業務夥伴，氣呼呼地要求她解釋為什麼週末把這些工作丟給我。她不知所措地回答：「我沒有想到你會看那些評論，這剛好是我可以工作的時間。你為什麼要把手機設定成接收 Google 文件評論的提醒？這樣不是很煩嗎？」

有了這次的教訓，我在下次的夥伴會議開場先道歉，因為我自己的假設，然後問大家是否還有其他在不同時區和工作時間交流上的困擾。最後，我們找出幾個問題：

- 對於回應速度的期望不一致（例如，如果我收到業務夥伴的一封郵件，我可能以為是緊急事項，但實際上並不是）。
- 不說清楚某項任務需要花多久時間（例如我問業務夥伴：「你能快速看一下這個嗎？」但沒有說實際上是想要求他們花多少時間？）
- 信箱的信件很多，這很難確定新消息的輕重緩急（例如，如果我給業務夥伴發一封郵件，而他們的收件箱裡已經有 100 封未讀郵件，他們怎麼知道哪封信是重要的？）

基於這些問題，我們達成共識，試圖在一份簡短的協議中回答，並稱之為「溝通手冊」。這些問題包括：

- 在每個管道（電子郵件、文字、Slack 等）中，你預期要多快回覆非同步訊息？
- 在互相提要求時，我們必須明確哪些標準（例如，要花多長時間、何時完成、是否會阻礙其他事情）？
- 我們每個人和團隊的工作時間是什麼，如何處理在這些工作時間之外收發的訊息？

我們將這些問題的答案擬成占一頁的文件中，然後讓它成為大家都可以下載的範本（*https://oreil.ly/twnb4*）。每個團隊都有所不同，每個團隊的溝通手冊也可以而且應該有所不同。尤其對於分散式團隊，我發現一個有用的起點就是簡單地提出這個問題：「當團隊中的某人收到其他人的訊息時，他們期望多快得到回應？」除非你們團隊中的每個人都能立刻給出相同的答案（他們很可能做不到），否則就很明顯地說明了為什麼建立明確的溝通協議是如此重要。

## 同步與非同步溝通的應對之道

我經常與團隊練習一件事，把他們現有的溝通管道和習慣繪製在一個 2x2 的格子圖上。這個網格的一個軸標籤從「共同工作：意味著每個人都在同一個公用的實體空間工作；到「分散式」：意味著每個人都在各自的實體空間工作。另一個軸的標籤從「同步」：意味著訊息同時發送和接收，如面對面或語音對話；到「非同步」：意味著訊息在獨立的時間發送和接收，如郵件和其他訊息平台。截至 2022 年 1 月，產生的視覺效果可能看起來像圖 13-1。

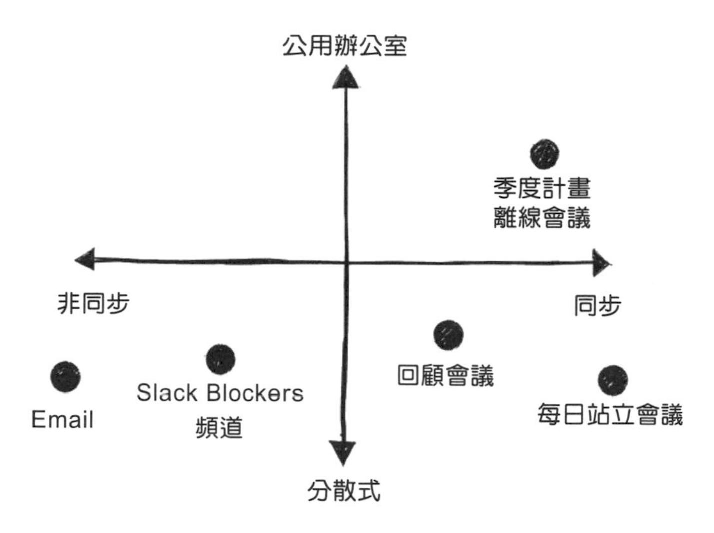


**圖 13-1** 於 2022 年 1 月左右繪製的一個典型團隊頻道和習慣

在與數十個團隊進行這項練習後，出現了兩個有趣的模式。首先，對於哪些管道是同步或非同步的，經常存在相當多的分歧。當涉及到像 Slack 和 Teams 這樣的聊天平台時，這場辯論通常特別激烈；通常，團隊中的一些人認為會用這些管道，就是需要即時關注，而其他人則認為這些管道可以每天檢查一到兩次。再次強調，這些分歧說明了制定明確溝通協議的重要性。

第二個，也是許多方面更加隱蔽的模式是，許多團隊會將他們的同步時間用來更新工作狀態。確實，對於一些團隊，同步狀態更新可能是一個有價值的方法，可以讓人們保持一致並圍繞復雜工作進行協調。然而，對於其他許多團隊來說，同步狀態會議可能既浪費時間又令人沮喪。

如果你曾經手持過，或嘲笑過一個寫著「我又度過一場發發電子郵件就可以解決的會議」的馬克杯，那你肯定親身經歷過這種場景。對很多團隊來說，大規模採用分散式工作只是讓人更快地走向無法避免的結論：「我們幹嘛要花寶貴的時間討論已經完成的事呢？」對於跨時區工作的團隊來說更是如此，可能更難以找到大家同步的時間。

每個團隊在同步和非同步時間的使用方法也各有千秋。接下來的章節裡，我們將探討一些適合分散式團隊的同步和非同步溝通方法，以及一些分散式團隊如何將這些方法結合成「同步三明治」。

## 分散式團隊的同步通訊：時間和空間的安排

我和很多團隊合作時，他們都想把同步時間從狀態更新轉向協作決策。但是，當他們試圖讓一群半睡半醒的人來做決策，其中還有五個人在看郵件時，就會發現這太困難了。在我和分散式產品團隊進行同步溝通的對話中，最常出現的詞就是「有意識的」。也就是說，「你得有意識地規劃和推動團隊共同工作的時間。」當然，如果你在共用辦公空間工作，你可以隨意在房間中央放個白板，大家一起搞定個合適的解決方案（雖然這個解決方案的品質有待商榷）。但如果大家都在家裡透過電子郵件、電子商務和貓咪影片進行 Zoom 會議，只需輕輕點一下就能找到答案？呵呵，祝你好運。

要讓分散式產品團隊在同步協作中保持參與和積極性，需要令人意外的大量規劃、準備和紀律。以下是我發現對於精心編排空間和時間，以充分利用團隊同步協作非常有幫助的一些建議：

簡單來說，簡單就好

> 早期我以為遠端團隊成員只要打個電話就能參加我們四小時的「衝刺計畫會議」。對那些遠端成員，我要真心道歉。讓人參加長達數小時的遠端會議，特別是會議無時間限制且計畫不周，真的很不應該。現在我把所有遠端同步會議控制在一小時內，長會議拆成多個小時，讓每個會議有明確的輸入、輸出與目標（本章後面會聊「同步三明治」方法。）

### 透過共用文件工作

讓同步會議有架構感且清晰的一種方法，是使用共享文件，而不是讓一個人負責記錄對話。如果你正在努力創建一個共享文件，如路線圖或單頁文件，這可以讓每個參與者都能清晰地看到會議的期望成果。它還有助於培養共同擁有的感覺，而不是將一個人，通常就是產品經理當文件的守門人。

### 用大家熟悉的工具

同步協作從來不是公平競爭。有的人愛發言，有的人對主題更熟悉等等。但是，每當你為參與者介紹一個新工具時，你不僅引入了一個，而是兩個額外的差異層次：熟悉你選擇特定工具的人，和更擅長使用新工具的人。我發現使用像 Google 文件（甚至是 Google 投影片，用於白板式活動）這樣大家已經可能使用的工具最為簡單。在功能方面的任何折衷通常都會因易用性和熟悉度而得到彌補。（當然，「熟悉」的工具會因團隊而異，有些團隊可能對新的協作工具和平台非常熟悉！）

### 假設準備和練習時間要乘以 3 倍

這是我認為最重要，但最難遵循的一條：對於每個小時的高價值同步時間，假設你需要花費三個小時的準備和練習才能充分利用該時間。換句話說，如果你計畫與團隊進行一個小時的路線圖制定會議，那麼在會議前的幾天，你需要在行事曆上安排三個小時，好好思考路線圖制定會議的最終成果，以及你希望如何組織該會議的每一個步驟。你甚至可能想要自己或與同事練習幾次會議，以確保其進行順利。

如果要總結上面的建議，就是分散的團隊同步時間需要花大把心力準備和規劃。但你若願意付出，你會發現團隊比坐在一起辦公時更投入、更開放，更願意合作。特別是重要合作時，像設定優先順序和規劃路線圖，集中式數位工作區能讓參與度爆表。團隊習慣這種作風後，你會發現，直接把那些曾經因地理或組織距離而保持一定距離的利害關係人納入工作會更容易。

---

### 使用簡單的「影響與努力」矩陣來鼓勵遠端團隊的合作

**Janet Brunckhorst**

**Aurora Solar 的產品管理總監**

**（*https://oreil.ly/NZI13*）**

我們與一位客戶合作，該客戶在另一個時區擁有遠端開發團隊。儘管他們本應以敏捷的方式工作，但他們的流程仍然非常分散：產品經理會在 Jira 中撰寫一系列使用者故事，將這些使用者故事進行優先排序，然後將它們扔給遠端的設計師和開發人員團隊。這意味著產品經理對於提供特定功能的難易程度做出了許多假設，並使開發團隊感到與關鍵產品決策相距甚遠。

當團隊著手一個特別重大且重要的專案時，很明顯需要做出一些改變。因此，我們召集了所有的產品經理、設計師和開發人員，進行一場非常不同的對話，討論我們將要建造什麼以及為什麼建造。首先，在解決任何技術或戰術問題之前，我們進行一次公開討論，探討正在努力解決的核心使用者需求。然後提出了一個開放式問題：「如何才能滿足使用者的這些需求？」我們收集了想法，並將它們繪製在一個非常簡單的 2x2 影響與努力矩陣上（圖 13-2）：這個想法有多難實現，對我們的使用者會有多大的影響？這給了開發人員討論每個想法所需的努力，並讓產品經理描述面向使用者的影響。

會議結束時，我們取得了重大突破。產品經理意識到他們最想要但認為太難的解決方案，實際上並沒有比他們之前考慮過的其他方法難執行到哪裡去。我們都能夠承諾向產品使用者傳遞最大價值，並儘可能充分利用開發人員的時間，選擇最佳的前進路徑。而開發人員也覺得這太棒了！**他們能夠參與定義產品的對話，而不只是強制執行一組預先確定的任務。**

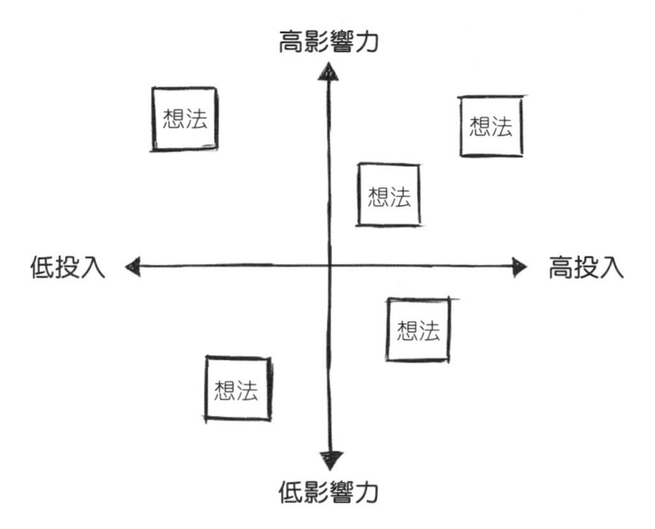


**圖 13-2**　影響與努力矩陣

---

## 分散式團隊的非同步通訊：設定明確期望

因為分散式團隊協調時間很頭痛，很多團隊趕快表示他們比較愛非同步通訊啦！毫無疑問，不同步通訊讓那些努力平衡一大堆複雜工作的人有了必要的靈活性；下午 1 點的開會不管怎樣都會占掉你半天，但你可以挑自己方便的時間回覆信件或共享文件。

為了節省大家的時間和精力，分散式的產品團隊常常習慣於透過「快速 ping」（叮咚）的方式進行溝通。這些「快速 ping」包括簡訊、電子郵件、Slack 聊天等非同步訊息，常常在我們的工作時間內外塞滿收件箱，詢問「你能否看一下這個」或「有個小問題想請教你」等。

這些快速的 ping 訊號，實際上通常很快就能發送出去。但是，總體而言，這些訊息及其產生的後續訊息，對於必須接收、理解背景並優先處理它們的人來說，可能代表著無窮無盡的時間投入。一個啟動時間不到一分鐘的電子郵件討論串，可能會花費好幾天的時間才能解決或放棄。

諷刺的是，最快、最容易傳送的非同步訊息，往往最耗時，也最令人焦慮。為了顯得友善，而不是直接要求我的同事回答太多，我常常發現自己在非同步訊息中忽略了一些關鍵資訊：例如，嗯，傳送訊息的原因、需要的回應以及需要回應的時間。雖然這種做法讓我感覺自己很友善，但同事卻不得不猜測我需要什麼、何時需要、以及這有多重要。

隨著越來越多的工作透過非同步訊息進行，我越來越努力以清楚且直接的表達方式請求以及請求的原因。當然，這事知易行難。為了保持誠實，我在桌上放置以下清單：

按下「發送」之前，請問問自己：

- 對方能否在收到電子郵件後 10 秒內確定此電子郵件的要求？
- 我是否明確陳述了期望的結果和時間範圍？
  - 「請在週五下午 3 點前檢查。」
  - 「我們能在下週二之前見面嗎？」
- 如果我向多個收件人發送相同的訊息，我是否已清楚地告知每個人我所要求的內容？
  - 「將 Abdul 和 Rachel 加入寄件副本：只是提供參考。」
- 如果我要求回覆意見，是否清楚我想要什麼意見回饋，以及為什麼？
  - 「隨信附上下週二演講的初步大綱。請花不超過 10 分鐘的時間檢閱大綱的整體結構，並讓我知道是否有任何重要內容遺漏。我將於週四上午開始製作投影片，因此在此之前的任何意見都不勝感激。」

- 如果我使用「跟進」或「簽到」等通用的詞語，是否清楚地（重新）表達了所需的回應或行動類型？
  —「請追蹤這封電子郵件，以了解下週你是否有 15 分鐘時間來準備我們的簡報。我目前在星期二上午還有空檔。上午 11 點你可以嗎？」

將更多時間和精力投入到你發送的非同步消息中，無論你是通過電子郵件、Slack、Teams 或任何其他管道傳送，最終都將需要較少的時間和精力來處理，這將減輕你同事的負擔。

## 製作「同步三明治」

對於風險最高的分散式工作，你可能很想同時使用同步和非同步通訊來取得最佳效果。畢竟，同步通訊讓你有機會與同事產生和綜合新的想法，而非同步溝通則讓你和同事有機會在小組之外壓力較低的環境下，磨練和改善自己的想法。

當我與分散的團隊合作組建重要的交付物或做出重要決策時，我通常會安排一個「同步三明治」形式的會議（見圖 13-3）。

**圖 13-3** 同步三明治。在這張圖片中，要先放哪一片麵包一直都是熱議的話題，但我認為在享用美味的餡料之前，必須先放好底部的麵包片。

每個同步三明治都有三個相當簡單的步驟：

- 在會議前至少提前一天發送非同步預讀資料。這樣能鼓勵那些可能需要一點時間整理思路的人參與，並讓整個團隊關注即將面臨的問題和任務。
- 安排一個有時間限制的同步會議，大家一起根據預讀資料中的描述做出決策、共同建立文件或解決問題。
- 在同步會議結束後不超過一天的時間內，發送非同步的後續跟進，內容包括下一步行動和待辦事項。這有助於保持工作的動力，並確保參加會議的每個人都能看到並理解會議的成果，即使他們在會議中可能分心。

這三個簡單的步驟是確保你的同事有時間準備他們的個人想法、有空間將這些想法融合成共同的計畫或決策，並有機會理解該計畫或決策推進過程的良好起點。這裡有一個範本（*https://oreil.ly/sJyti*），你可以用它開始為自己的同步三明治做出規劃。

在過去的一年裡，我發現自己將過去在面對面會議中進行的長時間會議，幾乎全部拆分為幾個較小的同步三明治，並通過視訊聊天和共享文件進行協作。例如，我現在在早期新創公司的路線圖規劃中，首先舉行一個時長一小時的會議，確定企業在未來 3、6、9 和 12 個月內必須實現的關鍵業務里程碑。在那次會議結束後，我將達成一致的里程碑發送給與會者，要求他們開始思考可能實現這些目標的各種方式（現有產品、新產品、服務提供、合作夥伴關係）。之後，安排更多的同步三明治會議，探討這些類別中的具體想法，評估它們的影響，並根據第一次會議中設定的里程碑對它們進行排序。

從頭到尾，整個路線圖規劃過程通常在一到兩週內，分為四個時長一小時的同步三明治進行。遵循前面提到的三倍規則，這意味著大約需要 16 小時的準備和協調時間。沒錯，16 個小時不是短時間，但在我的經驗中，當團隊需要做出重要決策時，這個投入非常值得。我在這些較短、有引導的會議中所見到的參與度和協作程度，遠超過我在較長、結構不夠緊湊的面對面會議中的體驗。

如同其他溝通方式一樣，當你與團隊合作，讓同步三明治符合自己的需求時，它將具有最大的價值。例如，如果你發現參與者未能投入到那些非同步預讀資料中，可以考慮在同步會議開始時，增加 10 分鐘的「查看預讀資料並記下問題」。一如既往，請關注團隊的具體需求，與團隊一起了解並滿足這些需求。

## 建立和保護非正式溝通空間

在遠端工作盛行之前，我非常相信下午 3 點的下午茶休息時間。正當下午的倦怠感湧上心頭時，我會召集儘可能多的人，帶領一群由設計師、開發者、市場營銷人員、產品經理和高階主管組成的雜亂隊伍，去街上那家「好咖啡店」。這些咖啡休息時間經常會讓原本沒有太多直接交流機會的人聚在一起，由此產生的對話對組織來說，可能比一半的正式會議還要有價值。

當我開始在家工作時，隨時隨地休息的想法立刻變得遙不可及，就像是遠古的美好童話。曾經作為重要訊息管道和可靠士氣支持的非正式交流突然消失了。而試圖通過「Zoom 歡樂時光」和「僅供娛樂」聊天室重建這種交流的，幾乎每一次嘗試都讓人感到尷尬。

多年來，我看到許多團隊在讓非正式交流回歸團隊方面取得了細微但有意義的進步。他們不再試圖重建原本的共同工作習慣，而是創建更符合分散式工作節奏、限制和現實的新習慣。當然，這些習慣因團隊而異。但我觀察到一些一致的模式，或許能幫助你的團隊找到一個起點：

### 幫助人們找到彼此，並相信他們正在建立聯繫

下午 3 點的咖啡休息時間最棒的一點就是你可以真正看到同事彼此交談，建立新的聯繫，分享原本可能會遭隔絕的資訊。在分散式團隊中，實際上並沒有一個可以自然演變成一對一交談的公共空間。（有些團隊試圖通過 Zoom 分組房間重現這種動態，但我還沒有看到它能完全按照預期的方式運作。）

我見過最成功駕馭非正式交流的團隊，已經直接或間接地把標竿從「讓我們創造一種空間，每個人都能彼此公開分享大量資訊」轉移到「讓我們創造一些空間，大家可以廣泛地相互了解，希望他們能跟進並分享屬於自己的資訊」。我曾與許多產品經理合作，他們認為，Zoom 歡樂時光和即興發揮的 Slack 頻道是失敗的，只因為他們實際上無法看到所有發生在這些空間以外有價值的後續對話。一如既往，了解此類交談是否發生，最佳方式是與你的團隊一起回顧一下。

### 讓大家分享工作之餘會做的事

我認識的很多人都試著讓他們的團隊參加一些涉及本人的「工作氛圍」團隊遊戲和練習。雖然有些團隊和個人能自信地應對這些活動，但也有人可能不太願意在已經忙碌的日程中加入「硬性規定的樂趣」。我傾向於屬於後者，尤其當這種「硬性規定的樂趣」讓人無趣得要命，還無法真正了解同事的個性和興趣。

相較於讓團隊參加全新的活動，我認識的許多產品經理，成功地為團隊創建一個機會，分享工作之餘會做的事。例如，我合作過的一個團隊在他們共享的 Slack 頻道中設立了「週一回顧」專欄，大家可以在這裡分享週末做過的有趣事情，當作一週的開始。這個不太耗時的小活動讓團隊成員有機會更了解彼此，甚至還促使他們相約一起去遠足或參加音樂會。說到這個……

### 在你覺得舒適且安全的情況下，親自見面也是個好主意

意識到分散式工作環境中非正式交流有本質上的差異後，也會發現親自進行非正式交流的獨特價值。在我能再次安全舒適地和同事一起吃飯或共度時光之前，我都沒有意識到自己有多想念這些活動。當然，這裡的關鍵字是「安全」和「舒適」。如果你想籌辦一個大型的親自見面活動，請意識到每個人都有自己的安全舒適界限，並尊重他們的底線。

### 別忘了給自己一點休息時間

最後，請記住，下午 3 點的咖啡休息時間，重點在「休息」。如果你想要有時間和精力與同事有效地交流，你需要給自己休息和充電的時間。如果你的團隊成員堅稱他們太忙，沒有時間分享週末的趣事，或參加一個簡短的 Zoom 電話會議來歡迎新團隊成員，你可能需要委婉地詢問他們是否留給自己足夠的時間，以及你能做些什麼來幫助他們。

分散式工作的轉變既不容易也不是可直接達成的，這經常需要大幅調整對非正式交流形式與感覺的期望。但是，一旦真正接受分散式工作沒有更好或更差，只是「不同」之後，我們也能得到與來自世界各地的人，建立牢固工作關係的驚人機會。

---

## 為兩個辦公室之間的非正式交談創造空間

**Tony Haile**

**Twitter 產品資深總監、前 Scroll CEO**

當我擔任 Chartbeat 的 CEO 時，整個團隊都在同一個房間工作。這在招聘和周圍噪音方面有其缺點，但有一個重要的優勢：偶然的交談。當你聽說團隊表現良好時，信任是其中的重要部分。信任往往是透過在正式的、預定的會議之外的交談中建立起來的。我喜歡面對面的互動，但對於分散式團隊，這並不是總是有機會。

在 Scroll，我們在俄勒岡州波特蘭和紐約各有一個辦公室。這讓我們面臨一個有趣的挑戰：當團隊分散在兩個實體位置時，如何為偶然的交談創造空間？

**為了解決這個問題，並培養一種共享空間的感覺，我們在兩個辦公室之間建立了一個始終開放的視訊連接。現在，員工可以在房間中央的大螢幕上看到另一個辦公室的所有同事**。如果他們有一個快速的問題要問或想法要分享，按一個按鈕就可以啟動語音連線。與其去主動聯繫並安排正式會議，不如像在同一個房間工作一樣，輕拍一下按鈕，說聲「嘿！」這個靈感來自 Gawker Media，他們使用了類似的方法將紐約和匈牙利的團隊連接起來。

我不知道如果很多人在不同地點全都遠端工作，這種方法如何延伸。但對我們來說，它為那些本來不可能發生的交流騰出了空間。在建立團隊間的友誼和溝通的輕鬆氛圍方面發揮真正的影響力。當你在打造產品時，這正是你絕對需要的。

---

## 混合式時刻：平衡現場與遠端工作

在撰寫本文時，關於遠端工作的未來，唯一確定之處就是它充滿不確定性。已經有多次關於「重返工作崗位」的預測，但到目前為止，都可證明是錯誤的。未來肯定會涉及到某種程度的「混合」設置，其中有些人在家工作，有些人在辦公室，有些日子「在辦公室」，有些日子則「在家工作」，等等。

本章的核心理念 —— 即你的團隊溝通方式需要主動面對和共同培養的理念，在辦公室工作和在家工作之間的區別變得更加細緻和複雜時，顯得更為真實。請記住，更多的複雜性需要更多 —— 且持續的溝通。

## 摘要：加強你溝通的實務

產品管理很困難，而遠端產品管理可能更為困難。但缺乏共用的辦公空間通常迫使我們對與團隊的溝通方式更加深思熟慮。將遠端工作視為你的溝通實踐的力量訓練；在當下可能會感到不舒服和筋疲力竭，但下次要求你做一些繁重的工作時，你會很高興自己這樣做過。

## 你的檢查清單

- 意識到分散式工作與共同工作並無好壞之分，只是不同。
- 同時意識到每個分散式團隊本身也是不同的。了解你的團隊成員，與他們合作，找到最適合他們特定需求的節奏、步調和管道。
- 確保你的團隊對「收到同事的訊息時，需要多快回覆？」等問題有清晰、一致且充分紀錄的答案。
- 共同建立一個溝通手冊或其他操作協議，以幫助你的團隊避免日常誤解，減少信任消耗。
- 仔細考慮如何完善利用團隊寶貴的同步時間，尤其是在跨時區工作時。如果你認為「狀態更新」會議可以很容易地成為一封電子郵件，詢問你的團隊對此的看法。
- 記住，有效地與分散式團隊進行同步會議需要大量的準備和練習。對於你為團隊安排的每一個同步會議時間，做好花三個小時規劃和準備的心理準備。
- 利用共用文件及視覺化平台，鼓勵你直接參與遠端會議。
- 不要急於向你的團隊傳送含糊、沒有限制的資訊。具體說明你需要什麼、為什麼需要以及何時需要。

- 在任何重要會議之前和之後，向同事傳送一份預先閱讀和後續通知（同步三明治）。
- 給你的團隊提供輕鬆分享閒餘活動和興趣的機會。
- 別相信那些說他們已經看到混合工作未來的人。保持警覺，隨時適應變化，並跟團隊開誠布公地溝通。

# 14

# 產品經理群的領袖（產品領導力篇）

雖然我對產品管理的現實狀況不太有把握，但是我對產品領導力更沒什麼把握。這並不是說我還沒準備好。而是在經過多年對產品管理的日常磨練之後，我確信自己已經學到了如何管理產品團隊的知識，或者說，至少也學到了搞砸管理產品的許多經驗。我在心裡說：「我不敢相信老闆竟然會犯下這種低級錯誤」、「如果能提拔我到該有的位置，我很快就可以解決這整個問題。」

經過幾次的升遷之後，仍然是一團混亂。而我採取的大部分措施，在我還是產品經理時非常有效，但現在似乎正在讓情況變得更糟。漸漸地，我開始對曾經在下班喝酒時抱怨過的那些主管產生了一些同情心。

日子久了，我開始懷疑人們是否也在下班喝酒時抱怨我。我想成為一個「酷老闆」，但我也害怕部屬會犯錯，這會造成我個人的負面影響。當人們向我反映問題時，我回到老套路：「我知道，這家公司真的很糟糕！」毫不意外地，這句話從一個負責讓公司變得更好的人口中說出來，效果並不太好。

總之，我真希望我早點知道，當個經理需要經歷多少學習、轉變思維和再學習。對於新手和有抱負的經理人，有很多很好的資源，包括 Richard Banfield、Martin Eriksson 和 Nate

Walkingshaw 的《Product Leadership》(O'Reilly)、Julie Zhuo 的《The Making of a Manager》(Portfolio)以及 Camille Fournier 的《The Manager's Path》(O'Reilly)。你應該閱讀這些書籍，並經常向你人脈網的產品管理主管請教。正如本章即將討論的，雖然你是一位出色的產品經理，但這不能保證你可以成為一位出色的經理或領導者。

為了本章的目的，我就簡單將經理和領導這兩個詞來指「透過正式組織結構或是他們培養出的非正式信譽，為別人負責的人」。跟產品管理的所有內容一樣，這種區別可能變得有點模糊、搞不清楚，所以你更需要了解組織裡特定的職責，然後針對這些職責交付產品，無論是不是正式包含在組織圖裡。

## 往上爬

幾乎每位產品經理的職涯裡都會有個時刻，他們說出一句話，卻不知道這句話會讓他們體會一些難受但有價值的經驗：我該升職了。

在我職涯初期，我確實覺得升職是一個閃閃發光的獎勵，能讓我有能力帶來重大改變。我跟任何願意聽的人抱怨 ，我無法讓公司實現我的超棒想法，因為我沒有權限決定整個產品路線圖。我對同事抱怨，我在公司待了整整一年，還沒升職，有些人還比我待得久呢。(抱歉，之前的同事。)我焦頭爛額、固執己見，而且有點討人厭。

最後，我找到了公司的工程副總，我一直都認為他能給我一個平衡且深思熟慮的觀點。我逐一闡述我有多優秀的理由。我已經在這裡待一年了！我一直在工作：早中晚都在做事！我做三個人的工作！我已經交付了很多產品！最後再用一個戲劇性的「這就是為什麼我應該成為資深產品經理」當做結束。

工程副總微笑著說：「謝謝你分享這些，聽起來你為公司做了很多出色的工作。讓我問你，你認為資深產品經理的職責是什麼？」

我當場呆住。不知為何，我從來沒想過這個問題。我吞吞吐吐地回答：「嗯，你懂的，就是一個產品經理，他，嗯，擁有，呃，更多的，呃……權限……在……更多……部分……的產品上？」再次面對他耐心的微笑。他說：「我有個挑戰給你，我希望你寫出你認為的資深產品經理職位描述。然後我希望你列出在你目前的角色中你正在承擔的那些職責，以及讓你進入其他職責的成長計畫。」

我皺了皺眉。心裡還在沾沾自喜，我脫口而出：「要是我已經做得很好呢？」然而再次，他耐心地笑了。他說：「你甚至還不知道它們是什麼呢！而且，總是有成長的空間。每當有人告訴我他們沒有成長的空間時，我聽到的是他們並沒有真正了解自己的角色。」

最後那句話就像一拳打在我的肚子上。在我當產品經理的第一年，我一直堅持自認為是世界上最強的產品經理，已經沒有什麼好學的。那些「我應該升職！」的對話是否暴露了我的自誇經驗和成熟度的不足呢？

簡單來說，答案是肯定的。跟工程副總進行的這段具有挑戰性的對話，讓我得到了一份寶貴的禮物，這些年來我有幸將這份禮物傳達給許多產品經理：「我應該升職，因為我工作很賣力，我很厲害」這並不是成熟且高效的產品經理該有的想法。

在整本書裡，我們討論了在深入了解個人要做的所有驚人、艱難和瑣碎工作之前，先從期望為業務和用戶帶來的成果著手的重要性。當我們在組織內部或跨組織尋求升遷時，同樣的道理也適用。David Dewey 是我在 Mailchimp 有幸共事的產品領袖，跟我分享了他問那些向他詢問升職的產品經理的第一個問題：「你升職後，公司能達到什麼現在達不到的目標？」我喜歡這個問題，因為它逼你思考你期待的角色可能帶來的影響，以及為什麼你是該職位的合適人選。回到 Ben Horowitz 在〈好的產品經理／壞的產品經理〉（*https://oreil.ly/z3688*）一文中表達的想法，明確並了解你角色的影響，是一個好的產品經理責任。

## 驚喜！原來你之前都做錯了

所以你整理了一份職位描述和成長計畫。你雄辯地談論了目前工作所產生的影響，以及如果提拔你到產品領導角色，你可能產生的更大影響。你升職了！現在，你要管理許多個產品，或者很多個人，或者是一個人和一個非常重要的產品（這種變化從未停止，你必須持續成長！）

你之前的績效評估說你是個「完成工作的傑出人才」。你寫出了優美的產品規格，組織了出色的會議，並像老闆一樣合理安排你的時間和精力。現在，你將能夠完成更多的工作！

然而，就在你開始適應新角色時，團隊中的一位新手產品經理向你展示了他們的新產品提案。這個提案……當然沒有你的文件那麼完美。它沒有回答你想要的所有問題。最糟糕的是，它的結論是一個你不確定是否完全認同的建議。

你的團隊明天就要向高層領導報告這個提案。你的行事曆已經安排得滿滿的。你有聲譽要維護，你剛升官，不想搞砸事情。但你也不想讓自己的第一個產品領導角色就疏遠了團隊。所以，你以最友善、最慷慨的態度說：「這真的很棒。非常感謝。如果你不介意，我想稍作修改。再次感謝！」

那天晚上 8 點，你打開文件，在這裡修改一些句子，那裡澄清一些資料點。你重寫提案結尾的建議，直到它變成你可以認同的內容。大約在晚上 10 點，你附上一個鼓勵的便條，告訴新手產品經理，你知道他們會做得非常好。你關掉電腦，露出滿意的笑容。你在深夜努力工作，幫助團隊取得成功。這個「產品領導」的角色最終可能真的適合你。

隔天，你登入準備進行簡報，看著新手產品經理艱難地練習你修改過的提案文件。高層領導似乎對此興趣缺缺。為了讓這次簡報不至於對你和新手產品經理都成為一場災難，你決定插一句：「嗨，抱歉大家，我只是想分享一下這些建議背後的想法。」這喚起了高層領導的興趣。他們提出了一些問題，你已經準備好回答。你的建議得到接受，大家對此似乎相當滿意。

然而，除了你的新手產品經理之外，其他人都很滿意。在會議結束時，他直接登出離開，沒有像平常會議結束時的寒暄。你迅速用 Slack 發送一則訊息給他：「嘿，你還好嗎？我覺得你做得很棒！如果我剛才在會議上強勢主導了，真的很抱歉，只是想讓高層看到我支持你。」即使在打字的時候，你也意識到自己並沒有非常感到歉意。這是一場關鍵性的簡報，你想確保它會成功，而且它確實成功了。

然而，在接下來的幾週裡，這種成功感逐漸消退。在下一次的一對一會議中，初階產品經理強忍著淚水，解釋他們曾與整個工程和設計團隊合作，制定出最初的建議，但在改成你的建議時，卻失去了很多信任。更糟糕的是，組織中的其他產品經理現在完全繞過你的初階產品經理，試圖在你的行事曆上預約時間。畢竟，大家都知道你才是背後那個操控一切、做出重大決策的藏鏡人。事情麻煩了。

在產品管理領域，個人貢獻者往往因為那些限制他們當領導者的行為而升官。當你步入產品領導角色時，這些行為的延續將產生兩個相互關聯且同樣負面的後果：你將筋疲力盡，而你的團隊將感到不滿和無力。接受這個事實，你需要忘掉一些舊有行為，學習一些新的行為，而這些新行為可能對你來說並不容易，無論你的頭銜有多大、多厲害。

## 你給自己設定的標準，就是設定給團隊的標準

在過去的幾年裡，許多產品領導者擔心他們的團隊快累壞了，深感憂慮。「現在是如此艱難的時期，」他們對我說，「我真的很擔心大家。我一直告訴人們要休假，要做到工作與生活平衡，並在一天結束時放鬆心情，但我覺得人們仍然工作太久、做太多事。」

我回應他：「你自己是否有休假，找到良好的工作與生活平衡，並在一天結束時放鬆心情？」事實上，這個問題往往會引起一連串的解釋和辯解。「嗯，我的意思是，我會努力這樣做，但是我的團隊現在真的很需要我，有太多事情要做。我加班是為了讓我的團隊能夠放鬆心情！」

這些產品的領導者常常驚訝地發現，他們的團隊也告訴我一模一樣的事情。

這個問題根本無解：當你成為產品領導者時，你為自己設定的標準就是你為團隊設定的標準。如果你在辦公室待到晚上 8 點，你的團隊會認為你期望他們也在辦公室待到晚上 8 點，無論你如何說明他們不用跟你一樣。如果你在週六下午 3 點發送電子郵件，你的團隊會認為他們也需要在週六下午 3 點回覆電子郵件（除非，正如第 13 章中討論的，你在團隊溝通手冊中明確說明其他情況）。而且，如果你已經三年沒有休假了，你可以確信你的團隊也不會去使用那個「無限休假」的政策。

當產品領導者告訴我，他們太疲憊，無法休假或在晚餐後關閉電腦時，我經常要求他們做一個簡單的練習，這也是我向疲憊不堪的產品經理新手推薦的：依照對團隊實現目標的幫助程度，將你現在正在做的所有事情按照重要性排序。然後，在你實際工作時

間內能夠完成的事情下劃一條線（圖 14-1）。那條線以下的任務就分配出去、調整或者直接放棄。

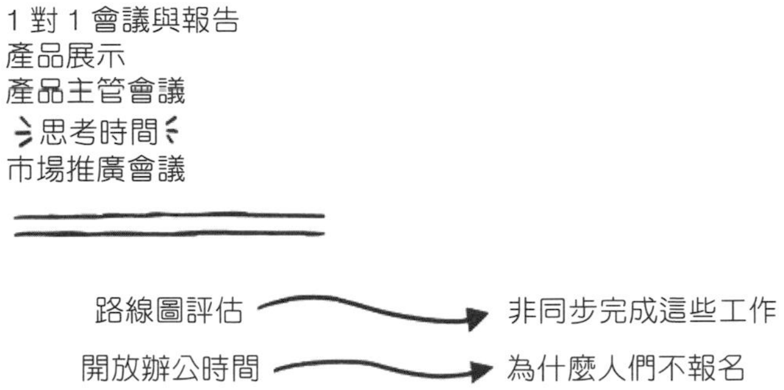

1 對 1 會議與報告
產品展示
產品主管會議
思考時間
市場推廣會議

路線圖評估 → 非同步完成這些工作
開放辦公時間 → 為什麼人們不報名

**圖 14-1** 按照影響力從高到低進行註釋和排序的活動列表（你的清單可能會更長！）

當產品領導者開始從他們的日常待辦事項中刪除一些影響較小的活動時，他們經常會發現，他們的團隊成員也很願意這樣做。這既是因為樹立了良好的榜樣，也是因為工作往往會帶來其他工作；你為團隊做的所有事情仍然需要接收、審查和回應。最終，成為一位有效率的產品領導者，意味著要學會用不同於加班時數和工作多努力的方法，來衡量價值。

---

**輕易允諾高層主管可能會毀滅你的團隊，不過會讓你升職！**
**Q.S.**
**產品經理，科技企業**

幾年前，我曾與一位主管級的產品領導者合作，他成功地與公司 CEO 見面。讓這位產品領導者高興的是，CEO 非常喜歡我的同事正在做的工作。CEO 說，「這太棒了，你認為星期二之前能完成它嗎？」我的同事毫不猶豫地回答：「當然可以。」

於是，受到 CEO 的關注鼓舞，這位產品領導者對他的團隊說：「取消週末計畫。打電話給你們的家人，告訴他們你們有一段時間見不到他們了。CEO 希望在星期二看到這個產品，我們要做到這件事。」他們投入了艱苦的努力，確實成功地推出了這款產品。

在接下來的幾週裡，該團隊的幾名成員爽快辭職。他們對於在毫無預警的情況下待在辦公室整個週末並不感興趣，我無法責怪他們。然而，帶領團隊的產品領導者呢？他升職了！他贏得了「一位能完成任務的產品領導者」的聲譽，很快提拔為副總。

時至今日，有一件事仍讓我困擾：如果那位主管在回答 CEO 的問題時，不是答應而是說：「這個嘛，我不確定。我需要和團隊確認一下。我想知道是否有非星期二不可的原因？」這樣他還會被提拔嗎？我猜不會，這種不確定性可能正是他當時答應的原因。但是，他的答應絕對讓他的團隊和整個組織付出了巨大的代價，因為我們失去了一些最優秀的工程師。

現在，當我遇到類似情況時，我會時刻牢記這一點。**當高層領導提問時，我會盡力給他們好處，把這些問題當作真正的問題，而不是隱藏的要求。我還會努力意識到我的問題也可能被視為隱藏的要求**。把事情看得簡單點可能需要很大的勇氣，這樣做可能無法讓我們立即得到跟條件反射似地說「好」一樣的積極肯定，但最後會讓團隊更開心，組織更健康。

---

## 自主權的極限

如果說過去十年左右的產品領導討論有兩個主題，那就是「自主」和「賦權」：自主是指「給予團隊在沒有過度干預的情況下作出明智決策的空間，而不使用微型管理」，賦權是指「為團隊提供執行這些決策所需的資訊和資源」。

這些都是崇高而正確的目標，但要真正實現它們可不容易。像 Marty Cagan 的《Empowered》（Wiley）和 Christina Wodtke 的《The Team That Managed Itself》（Cucina）這樣的書籍，提供了現實世界中賦權團隊詳細且引人入勝的描述，以及建立這些團隊所需的辛勤工作。

然而，許多產品負責人（包括我自己）將呼籲「自主」（以及對過度管理的恐懼）誤解為單純允許「團隊自己搞定，讓他們做最好的工作」。對於那些意識到他們過去的習慣在新角色中無法發揮作用，並且正在努力平衡不斷擴大職責的產品領導者來說，這是一個引人入勝的幻想。

作為曾犯過這兩種錯誤的人，我可以很肯定地說，「隨波逐流」最後既無法實現真正的自主，也無法實現賦權。當我們計畫為一群堅稱自己「吃什麼都好！」的人安排一頓團體聚餐時，只有在他們坐下來吃飯時，才會講出大量之前死都不說的偏好和限制，我們當中有很多人經歷過這樣的教訓。結果發現，大多數人在點菜時對食物都有自己的看法，而大多數產品領導者在建立產品時也有自己的看法。我見過很多產品領導者從「過度管理」轉向「自主」，他們的團隊卻突然從按照領導者的意願建立產品，變成去猜測領導者的意願。就像我在無意間把一群素食者帶到一家叫做「豬肉」的餐廳一樣，這些團隊很可能會猜錯。

在一篇關於賦權團隊的經典文獻中（其中也包括對管理與領導區別的深入探討）（*https://oreil.ly/kOWUB*），Marty Cagan 明確指出，「獲得充分授權」的團隊並不代表是一個不受控的團隊：

> 真正賦權的團隊還需要來自領導層的商業背景（特別是產品願景）以及管理層的支持，特別是持續的日常指導，然後給予他們機會去找出解決所分配問題的最佳方法。

換句話說，僅僅「放任不管，讓團隊自行應付」並不等同於賦予團隊權力。有效的產品領導不是讓一線的團隊不受控管，而是要尋找新的方式來支持這些團隊。

## 明確目標、明確界限、即時回饋

在支持產品團隊而不對他們進行過度管理的問題上，對每位產品領導者來說都是一個挑戰。雖然每位產品領導者都有自己的方法，但我發現有三件事對於取得這種平衡始終很有幫助：明確目標、明確界限，以及最重要的 —— 即時回饋。

為團隊提供明確目標的想法相當直接，在這本書和其他很多書籍中都有詳細討論。如果你的團隊不知道如何界定成功，那麼他們將無法實現成功。正如我們在第 10 章中討論的那樣，推動「結果」與「產出」之間平衡的成果部分，往往能使你的團隊在執行工作上更上一層樓。

提供明確的界線則較為棘手一些，因為這經常讓產品領導者感覺自己走到過度管理（微型管理）的邊緣。但產品負責人通常能獲得團隊無法獲得的重要資訊，而他們對團隊隱瞞這些訊息並無益處。例如，你可能知道你們的 CEO 對團隊目前正在評估的某個解決方案極度反感，或者由於一項即將到來的機密收購，某個特定技術系統在未來幾個月可能會被淘汰。這些都是產品組織必須應對現實世界的限制和顧慮，要以一種避免指責或找藉口的方式傳達它們，需要勇氣、紀律和實務。

最後且最重要的是，高效率的產品領導者善於即時給予回饋。產品負責人往往是個大忙人，行程滿檔，與團隊之間的交流相對很少。這讓團隊在理解目標和保持在限制範圍內方面，有很大的空間可以解讀，可能會走偏，或者在產品領導者仔細檢查他們的工作時說「哎呀，我覺得我們的思路有點混亂。」之前就過度投入。

在我當產品經理的時候，很多非常糟糕的日子都是在我向產品領導做了重要的陳述後，才被告知「不，這不是我們想要的。」但是，當我自己成為產品領導者時，我花了好幾年才意識到這些經歷教會我的不是「別當個混蛋」，而是「別讓團隊在沒有回饋的情況下繼續走得太遠（走偏）。」現在，我建議產品領導者明確告知他們的團隊，在投入過多時間之前先花時間一起審查：「這是成功的樣子。這裡有一些需要注意的事項。請不要花超過一個小時草擬，然後在幾天後帶回給我，我們一起審查。」

採用未完成的草稿（就像第 9 章討論的限時一頁紙）和即時回饋，讓你更能在組織各層面協調願景和實現。它還可以幫助你在忽略或誤解指導原則和界限時，繼續保持領先地位。

---

### 瀏覽不可避免的「你的產品爛透了」電子郵件
### Michael L.
### 產品領導者，成長階段的新創企業

當你成為一名產品領導者時，你很可能已經對自己的高層職責有了清晰的認識，並知道如何管理他們。你在組建團隊、建立專業、激勵團隊並保持前進。你與其他職能領域的領導者互動，確保他們知道正在發生什麼事以及原因。然而，即使你在這些方面做得很好，幾乎每個產品領導角色中仍然會有一個時刻，你成為 CEO 發送郵件的眾多收件人之一，郵件大意是「為什麼你的產品這麼爛？」

我自己的職業生涯中有一個特別的例子。CEO 發給 CTO、我以及其他跨職能領導者一封郵件，指責客戶支援體驗一團糟，並詢問誰應對此負責。那時，我們剛剛推出了一個路線圖工具，任何有興趣的人都可以看到，為了完成一些我們認為更符合 KPI 的工作，推遲改進客戶支援體驗的時間。但是，即使它在路線圖上，也不意味著任何人（尤其是你的 CEO）真的能理解它，以及為什麼設定優先，尤其是當產品中的實際體驗非常糟糕時。

於是，這封郵件來了，我在想該如何回應。開口之前，另一位領導者已經說：「我支持團隊決定，我們能做的只有那麼多。」我完全理解在這種情況下保護團隊的衝動，但那回應讓一切變得更糟，導致了一連串激烈的來回郵件交流，持續整個週末。最後，CEO 宣稱：「這是一個糟糕的決策。我看不到任何戰略性的思考在這裡，如果我是顧客，我永遠不會再使用這麼糟糕的應用程式。」

事實上，CEO 並不一定是錯的！我們很可能在決定優先順序方面做出不當的選擇。最終，我團隊中的一位產品經理介入，做了一開始就應該做的事：向高層團隊解釋做出這些優先決策的原因，並調整這些決策，以進一步符合 CEO 的願景。

**值得記住的是，即使你已經擔任了產品領導角色，表面上做得很好，你仍然會收到那封「為什麼你的產品這麼糟糕？」的郵件**。而在那一刻，這對你來說仍然非常困難。你可能會覺得自己是個騙子或冒牌貨。你可能會懷疑你的產品糟糕是因為你本人糟糕。但是，在一天結束時，你仍然可以從這些經歷中學到很多。每個產品領導者都有優點和不足之處，經歷美好和糟糕的日子並犯錯。真正的挑戰是保持敞開的心態，從錯誤中學習。

---

## 讓自己變得不那麼重要

這有點出人意料，但當你當上產品負責人，在組織核心技能「讓自己變得不再那麼重要」的原則，顯得很重要。最厲害的產品負責人總是努力將自己的知識、智慧和經驗分享出去，即使不參與產品工作日常細節，也能指導團隊。

本章前面討論過的即時反饋迴路，通常有助於產品領導者確定最迫切且最具影響力的領導範疇。例如，我和一位產品主管合作，她發現自己不斷對團隊提出回饋，指出他們定義的「結果」更像是他們想要打造的功能清單。在和多位產品經理進行類似對話後，她列了一張清單，是她在評估一個成果是否真的有成效時需要的注意事項，包括：

- 是否可以衡量？
- 是否有點超出控制範圍（即是否需要市場回饋）？
- 是否與公司年度目標相關？

同樣，產品領導者 David Dewey（我們在本章前面提過）在應對許多要求他調解個人和團隊衝突的請求後，撰寫了一份闡述產品領導理念的文件。在他的允許下，我在這裡附上我最喜歡的部分內容：

> 我相信溝通是解決幾乎所有問題的關鍵。常有人跟我說發生了某件事，或者某人的想法，但我問：「你跟他們談過了嗎？」答案往往是沒有。所以我的回應就是：「把你剛對我說的那些話，一字一句的告訴他們。」

建立與共用此類簡單文件，有助於在管理時間的同時也擴大你的影響力。將自己的思維過程外化，有助於讓你更清楚地了解自己的思考方式，提供絕佳機會讓你反省自己獨特的產品領導風格。

## 產品領導實戰篇

讓我們看看你在產品領導之旅中可能會遇到的三大常見情境。注意，這些情境不只是正式產品領導者會碰到的，任何在職場上的產品經理都可以藉此培養領導技巧。跟前幾章的情境一樣，在閱讀之前，花點時間想想你可能會如何應對這些情境。

## 情境一

**工程師：**規劃好的工作快完成了！你覺得我們接下來該幹嘛？（圖 14-2）

**圖 14-2** 工程師詢問接下來該幹嘛？

### 到底發生什麼事

對於正在嶄露頭角的產品經理來說，這可能是最讓人滿足的時刻之一。很明顯，你在團隊裡建立了一定的信任和聲譽，而且有人問你那些只會問「真正」產品經理的重要問題。但是，就像第 2 章提到的，團隊成員需要向你提出這個問題本身可能意味著你已成為瓶頸，並未培養好你的組織技能。雖然這可能讓你感覺良好，但對團隊來說卻是個問題。

### 你可能會做什麼

確保團隊裡的每個人都對你們正努力達成的目標以及實現這些目標的策略瞭如指掌。這是將自己的想法外顯化和系統化的關鍵時刻，讓整個團隊都能提升決策水準。告訴團隊，你希望建立一個足夠透明的優先次序系統，讓他們「永遠」都知道下一步該做什麼，然後和他們一起搭建這個系統。

## 需要避免的模式和陷阱

### 直接給出指令！

再次抵制成為英雄產品經理的衝動，別急著回答問題。你的整個團隊應該在不用問你的情況下，就知道接下來該做什麼！

### 隨便你們想做什麼就做什麼！

我見過一些產品經理只過問他們的團隊「你接下來想做什麼？」來進行優先事項的會議。這可能讓你覺得是讓同事保持投入的最簡單途徑，但最終，你的團隊應該根據成果而不是意見來確定優先次序。

### 抱歉，我真的很忙。我們可以在下次的優先順序會議上討論這個問題嗎？

如果你的工程師在優先事項會議之間不知道該做什麼，那麼你需要解決的問題可能比行事曆安排滿檔更嚴重。與其趕走團隊裡的工程師，不如花時間弄清楚到底發生什麼事。工程團隊是不是已經沒有工作可做了？他們是不是只是想弄清楚接下來該做什麼？如果是這樣，為什麼呢？請耐心提問並傾聽。

## 情境二

**另一位產品經理：**你知道嗎，我認為這項工作真的更適合我們團隊，而非你們。我們會接手這個工作，如果需要協助，會再告訴你。（圖 14-3）

**圖 14-3** 另一位產品經理說，「明白了！」

## 到底發生什麼事

隨著你在更複雜的組織中承擔更多責任，你幾乎肯定會遇到「誰來負責」變得模糊不清的情況。這些情況很快就可能升級為高風險的爭執，產品經理和領導者爭相控制他們認為是產品或組織重要部分的東西。總之，這些爭執可能會造成很多意外損害，而且對任何人來說都不會有好結果，即使是表面上的贏家也是如此。

## 你可能會做什麼

開始著手理解所討論的工作如何符合你的團隊目標、另一位產品經理的團隊和整個組織的目標。相關工作可能確實更符合另一位產品經理的目標，而不是你的目標，但如果你不花時間去了解，你永遠不會知道。記住，你的工作是為企業及其用戶實現目標，而不是儘可能「擁有」產品。專注於最有意義的道路，並盡快擺脫「非我即你」的二元思維。可以考慮提議進行後續對話，討論團隊如何合作以進一步實現業務目標，並在必要時建議定期會議以保持團隊一致。

## 需要避免的模式和陷阱

*好的，這聽起來不錯。[偷偷向經理抱怨。]*

沒有什麼比表面答應，然後立刻向你的經理抱怨更能說明「我不值得信賴」了。如果你認為另一位產品經理的團隊不應該繼續進行有關工作，那麼你有責任直接與另一位產品經理解決。如果你們真的無法達成共識，可以考慮與另一位產品經理共同尋求更資深經理的調解，他們可能對有關工作如何與公司整體目標保持一致有更多的資訊。

*好的，聽起來不錯。[偷偷讓自己的團隊開始做這項工作。]*

我不只一次看到產品經理開始做他們在表面上已退出的工作，認為如果他們能夠更快更好地完成，就可以奪回自己應得的東西。這將造成重複工作，破壞信任，並讓所有情況變得更糟。

*好的，聽起來不錯。[偷偷對任何願意聽的人說另一位產品經理的壞話。]*

這可能是我在這種情景中看到的最常見反模式：升級防禦心態，產品犧牲者心態上場，不知不覺中，你坐在酒吧裡（或在 Slack 私底下傳訊）談論另一位產品經理有多麼討人厭，就只是想整你。正如我們在第 4 章中討論的，另一位產品經理的意圖其實不是重點；他們可能確實是個討厭鬼，但也可能是一個可愛的人，試圖分擔你已經不堪重負的工作。專注於你要實現的目標，抵制對同事背後猜測和發洩的衝動。

*不，我認為我的團隊應該負責，非常感謝。[另一位產品經理不可避免地以這裡描述的三種方式之一回應。]*

> 獵鴨季！兔子季！獵鴨季！兔子季！記住，身為產品經理，你的工作是推動良好的決策，而不是陷入沒有明確目標的無休止的爭論中。無論正式頭銜為何，產品領導者總是把企業和使用者目標放在自己的野心之前。

## 情境三

**直屬部下：**抱歉，我只是覺得市場部的同仁對於大型秋季活動前要交付的成果，有著完全不切實際的期望。（圖 14-4）

**圖 14-4** 產品領導者的部下對市場部那些小丑表示不滿

## 到底發生什麼事

這種說法可能是個小插曲，也可能是個重大求助，除非你真的摸透了，否則恐怕搞不清楚背後的原因。在我自己的職場生涯中，有時候我會向老闆試探性地找藉口，看他們會不會讓我逃避某個特別麻煩的問題。其他時候，我是真心誠意地向老闆提出一個特別棘手的問題，希望他們能幫助我找到最好的解決方法。

## 你可能會做什麼

具體地問問看。問你的直屬部下，那些期望到底是啥，哪些是不切實際的，以及這樣不對稱可能帶來的潛在影響。主動幫他們跟市場部的相關人士約個時間，讓他們（而不是你！）直接解決這些問題。告訴他們，如果真的無法跟市場部的同事達成共識，你願意介入協助進行對話 —— 但要記得，促成對話跟接管對話可是大不相同的。

## 需要避免的模式和陷阱

### 哈哈，對，市場部真糟糕

當你成為產品領導者（不管是正式還是非正式）時，你首先學到的一個困難課題是，不能像過去那樣抱怨同事。（事實上，你可能會意識到從來就不該像過去那樣抱怨同事！）跟直屬部下聊天時，這一點特別重要。

### 別擔心。我會支持你們團隊的，無論最後交付什麼，我都會挺你們

雖然保護你的直屬部下免受組織其他部門不合理或不切實際的期望可能很誘人，但這樣做最後會讓他們「因過度保護」而無法提升自己的工作能力。對產品經理來說，學會解決衝突非常重要，把你的直屬部下和這些衝突隔絕並無實質幫助。

*嗯，聽著，我們是一個市場主導的組織，CEO 也來自市場部。事情就是這樣*

當你在產品組織裡頭的職位逐漸往上爬時，常常會累到想要把問題推給「CEO」、「組織」、「董事會」甚至「晚期資本主義的壓榨引擎」。這些事情可能真的對你的團隊和組織有限制作用，但你的責任是幫助你的直屬部下聰明地應對這些限制，而不是表現出無助和殉道犧牲的樣子。

*哈哈，是的，當產品經理真糟糕*

稍微同情一下產品管理的辛勞工作是可以的，但這種同情絕不應該成為真正去完成產品管理艱苦工作的替代品。

## 摘要：成為最好的自己

不管你是不是在追求正式的產品領導角色，產品領導的經驗都能幫你在任何產品角色裡建立更多信任，達成更好的成果。記住，產品領導很可能需要你放棄一些讓你得到肯定和晉升的應對方法和「完成任務」的行為。一直做好準備，克服自己的防衛心態，客觀地看待自己的優點和不足（就算是最好的產品領導者也有！）並持續改進自己的做法。

## 你的檢查清單

- 承認每位有抱負的產品領導者（是的，包括你）都有優點和不足。永遠都有學習和成長的空間。
- 追求晉升時，思考如何幫助企業實現目標，而非為何「值得」晉升！
- 要記住，讓你晉升到領導職位的行為，未必會對領導職位有益，並且要隨時準備去學習放下這些行為。

- 記住，你為自己設定的標準就是你為團隊設定的標準。如果你希望大家晚上不工作，那你就晚上不工作；如果你希望大家休假，那你就休假。
- 如果發現自己不堪重負，按照對團隊目標的貢獻，對所有正在做的事情進行排序。然後將無法在實際工作時間內完成的任務交給他人或放棄。
- 確保你的團隊可以獲得做出良好決策所需的資訊，即使這些資訊可能讓人感到受限或顯得過於微型管理。
- 別讓你的下屬或團隊在重要專案和成果上長時間無法收到你的意見回應。正如第 9 章討論的，合作得在有時間限制的未完成草稿中工作。
- 如果發現自己一次又一次地與人們進行相同的對話，請尋找機會在共用文件中具體說明對話的內容。
- 當你發現自己被問到很多重要的、戰略性問題時，要自我檢查。請記住，你的一部分工作是組織你的團隊儘可能地自行回答這些問題。
- 避免在誰可以「擁有」產品的任何特定部分上爭執不休；始終專注於為企業及其用戶推動的成果。
- 認真對待直屬部下的投訴，並協助他們在解決棘手問題上提供空間和指導，讓他們盡其所能解決。
- 從產品領導者的角度重新閱讀本書的第 5 章。在該章節的故事和情境中，高層利害關係人如何更有效地解決問題？

| 15

# 逆境與順境

截至 2022 年初，根據移動應用代理機構 BuildFire（*https://oreil.ly/YPTde*）的統計，蘋果 App Store 內約有 196 萬個應用程式，而 Google Play 商店則有約 287 萬個。

根據同一資料來源，智慧型手機使用者平均每天使用 10 個應用程式，每月使用總數達 30 個。這樣的情況讓很多產品經理感到失望。

提到這些資料並非悲觀，而是要說明，要打造出像蘋果、Netflix、Facebook 或 Google 等獲得巨大成功產品的公司實屬罕見。優秀的產品經理經常會遇到失敗的產品。沒有所謂的「最佳實務」，沒有完美的優先順序框架，也沒有神奇的敏捷魔法咒語能保證產品的成功。

在已經成功的成熟產品工作的產品經理也會面臨同樣令人苦惱的挑戰。成熟公司往往會變得害怕冒險、官僚主義和政治化，有時甚至難以實施具有明顯使用者價值的小改動。即使數字正朝著正確的方向發展，尤其是當數字正朝著正確方向發展時，要跑在快速變化的使用者需求前面可能非常困難。

產品管理並非一份輕鬆的工作，但產品管理的實務可以讓每個人的工作變得更輕鬆。它可以幫助程式設計師成為更好的溝通者，讓行銷人員對技術工作更加熱衷，並讓高層主管理解高層策略決策的實際影響。優秀的產品管理能夠將潛在的緊張和不一致轉化為學習、分享和合作的機會 —— 無論是在順境還是逆境中。

## 組織自動駕駛的舒緩搖籃曲

幾乎在每個產品組織中，特別是更成熟的產品組織，通常都會有一段時間團隊是處於「自動駕駛」模式。有時，這是因為外部環境非常有利，各種資料都朝著正確的方向發展，沒有人感到太大壓力。有時，這是因為人們不再關注資料，產品團隊在最低限度的責任和監督下運作。當然，有時候，這是因為所有合適的元素都已就位，你的產品運作得就像一部運轉良好的機器。

但是，這種自動駕駛模式帶來相當大的風險。當團隊在沒有新挑戰或新視角的情況下已經過了很長時間，它可能會開始覺得「事物的現狀」是通往成功的唯一道路。不支持現狀的新想法被淡化或拒之門外。團隊變得更加封閉，好奇心減退，無法提出重要問題，錯過關鍵機會。

當你的團隊覺得處在自駕車模式時，尋求具挑戰性的想法和替代解釋變得比以往任何時候都更重要。和那些已經放棄使用你的產品的用戶交流，即使他們人數不多，也要努力找出問題所在。看看競爭對手的產品，記錄他們如何滿足用戶的基本需求。（或者，像第 6 章討論的，更新你的使用者角色，看看這些需求是否已經改變。）帶著具挑戰性的問題回到你的團隊：如果你選擇的方向完全錯了怎麼辦？如果你現在經歷的成長只是可能達到的成長的一小部分呢？透過提出直接挑戰你自己負責工作的問題，展現開放和好奇心。

最後，將這些具有挑戰性的問題通過限時原型（圖 15-1）轉化為實際的合作工作。如果我們在一週內從頭開始重新創建產品呢？如果我們在一堆不再對業務或使用者有益的假設和歷史意外的基礎上構建了現有的產品呢？創造全新構想產品的具體原型，可以幫助我們將這些大問題，與可能為使用者回答而採取的小步驟聯繫起來。

其中一個我最喜歡的方法，就是進行長達一小時的「重新創造產品」環節。這個環節的設置相當簡單：你把一些跨功能性的利害關係人聚集在一起，為他們分配一個使用者角色和一個重要任務，讓他們在五分鐘內擬出一個粗略的數字或紙質原型，展示如何從根本上重新設計他們的產品，以幫助該使用者完成任務。這幾乎毫無疑慮，所產生的成果簡潔易用，可以讓使用者輕鬆使用，做事更有效率並達成目標，這與以往的複雜產品功能形成鮮明的對比。

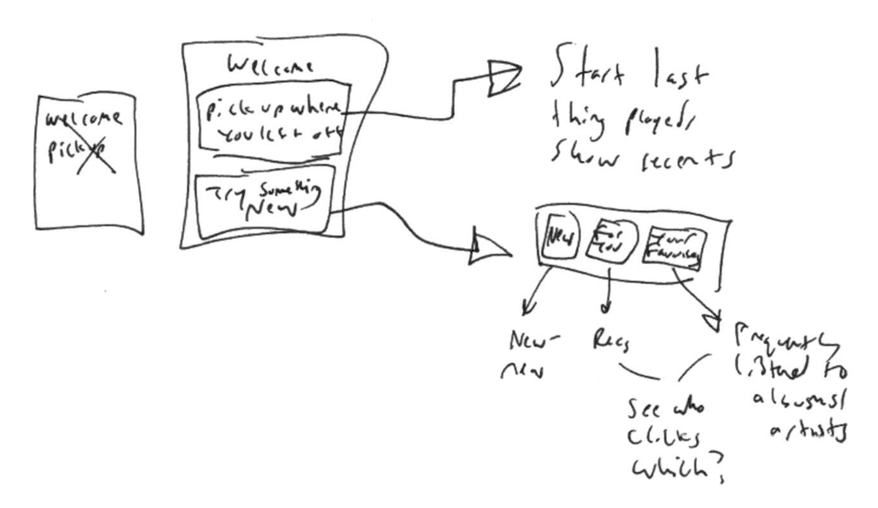


圖 15-1　這是一個假設性的熱門音樂串流服務五分鐘紙上原型繪製過程，畫面雖然凌亂，卻充滿真實感，有刪掉的初稿和潦草的箭頭。注意，即使是低解析度且凌亂的原型，也能讓我們了解到使用者可能喜歡的體驗類型。

## 美好時光未必是輕鬆時光

那麼，如果產品組織中缺少立即性挑戰和由此產生的自動駕駛模式，並非真正美好時光的徵兆，那又是什麼呢？以下是幾個一般性的指標，表明你的工作有助於團隊和組織的健康與成功：

### 讓衝突公開討論

健康的產品組織不是沒有衝突，而是能夠公開解決衝突，並將防禦心態、自我驅動的攻擊和被動挑釁降到最低。正如第 4 章所討論的，分歧可以成為團隊作出良好決策的關鍵工具。

### 大家都對自己手上的工作熱情滿滿

在一個健康的產品團隊裡，大家都熱衷於投入自己的工作，而且團隊合作也十分和諧。如果你提出一個新的產品點子或改進流程，結果大家都無動於衷，這可不代表你得到了團隊的全力支持。有時候，不感興趣比意見分歧還要危險。

### 人們將新資訊（和新人！）視為際遇，而非威脅

在一個健康的產品組織裡，成員並不會忽視可能出現的問題或走錯方向的警訊。他們不會僅在季度評核時才提出可能達不到的目標或量化指標。他們深知作為產品經理的核心職責，就是將使用者的需求與公司的目標相互銜接。因此，他們會把任何有助於實現這一目標的資訊、人員或想法視為一份珍貴的禮物。在這樣的組織裡，人們樂於分享彼此的看法，並且勇於面對挑戰，以達到更好的產品管理。

總而言之，身為一個產品經理，真正美好的時光並不一定是工作輕鬆或公司營運特別好，雖然這些因素的確有助於美好時光的經歷。然而，產品管理最為成功的時候，往往是在積極尋求新挑戰，並以開放、好奇和坦誠的態度面對它們的時期。在這樣的時期，產品經理能夠不斷學習、成長並創造價值，這也讓他們在工作中獲得成就感和滿足感。

這些時期往往與重大產品發布、新功能推出的最後關頭以及其他高風險、高壓的情況相吻合，這絕非巧合。在需要最多協作、最具適應力和最願意快速嘗試新事物的時刻，產品管理往往能表現出耀眼的光芒。真正的挑戰是將這種能量和激情每天都帶入你的工作。

## 背負世界重擔

在我職業生涯初期，一位導師告訴我，產品經理的工作就是「在事情出錯之前，想清楚所有可能出錯的細節。」我回答：「哇，這基本上就是我一直在做的事情，所以這份工作對我來說再適合不過了！」

對那些傾向於背負世界重擔的人來說，產品管理可能有點太適合了。身為產品經理，你可能會覺得遇到的每個問題都在等你解決，無論是競爭對手推出的新產品，還是同事之間的個人矛盾。在組織動盪的時候，產品管理可能讓人感覺既無休止地高度要求，又完全無用，就像在推一個巨石上山，而另外十塊更大、更重要的巨石正同時從你身旁滾下來。

在這樣的時期，我身為產品經理所經歷的最糟糕時刻，往往是因為工作壓力讓人無法承受。我在懷著善意的同事面前大發脾氣，怒氣衝衝地離開與高層領導的會議，甚至因為害怕他們生我的氣而向自己的團隊隱瞞關鍵資訊。而這些不良行為的絕大多數都是由同一個危險的謬誤所驅使：「我是唯一能阻止這個團隊（或這家公司）徹底崩潰的人。」

這就是產品管理連接性質在組織紛爭中發揮擴大作用的地方。身為產品經理，你要負責將組織內的人連接起來，而在沒有你直接和持續介入的情況下，這些連接越是破碎和錯亂，你就越容易覺得自己是團隊（或公司）與毀滅之間的唯一屏障。在這些時候，你可能會覺得自己需要無所不在、隨時撲滅火源、以及解決爭端。你可能會發現自己在向朋友，甚至有時向同事抱怨整個事情是多麼的一團糟。但這是你的爛攤子，你甚至無法想像在沒有你的情況下它將如何繼續運作。

回顧不良產品經理原型，這就是英雄產品經理和產品犧牲者之間界線模糊的地方。如果你開始覺得只有你才能拯救團隊和公司，那麼你正在走向一條危險的道路。以下是一些避免陷入產品英雄主義和犧牲主義雙面刃的方法。

### 列出不受你控制的事物

科技巨頭剛剛推出了一款與你的產品直接競爭的產品嗎？你組織內的兩位高層領導者是否在為 CEO 職位展開激戰？雖然這兩個發展可能對你的工作產生重大影響，但你無法控制另一家公司的路線圖或另一個人的野心。將那些不受你控制的事物列成一張清單，以提醒自己，你的工作不是為每個人解決所有問題。

### 找機會將重要事項委任給其他人

要打破英雄主義和犧牲主義的循環，你可以將真正重要的事物委託給同事。與其試圖讓你的團隊免受組織失調的影響，不如讓他們挺身而出，承擔起對共同成功至關重要的責任。將重要事物委託給同事意味著他們可能會遇到與你一樣的摩擦和挫折。雖然這不容易，但往往是有益的。這將讓你們有機會以團隊的方式面對這些挑戰，而不是覺得只有你能夠並負責解決它們。

### 參與團隊凝聚的例行活動和儀式

在充滿挑戰的時期，容易讓事情失控，尤其是那些看似不緊迫的事物。非正式的團隊聚會（親自或遠程）、高層次的頭腦風暴對話、團隊展示和分享環節，這些通常是在困難時期首先從你的日程表上消失的事物。你可能會認為，正如我經常這樣想，你的團隊在沒有一位焦慮的產品經理的情況下，聚在一起會同樣快樂。但是，你的缺席給人一個強烈且危險的訊息：你與團隊共度的時間其實並不重要。你的同事可能會反過來懷疑，為什麼他們沒有更重要的事情要做。

身為產品經理，你能做的最好的事情之一就是保護團隊在一起做正常、有趣和例行事物的時間。出席，保持專注，為你的團隊樹立榜樣，即使在面臨重大挑戰的時候，也要極力抽出時間退一步、交流和聯繫。

## 想像你在全世界最好的公司上班

在你的職業生涯中，會有很多時候，「好時光」和「壞時光」似乎融合成「中庸、還算可以的時光」。這些時候，你已經接受了組織現實中的限制。你對可能做到和不可能做到的事有很好的把握。你沒有完成所有想做的事，但已經做了足夠多的事。你的團隊並非完全處於自動駕駛狀態 —— 還有戰爭要打、挑戰要克服 —— 但你對可能輸掉的戰爭和可能無法克服的挑戰已經心裡有數。

隨著時間一天天過去，你可能會把這些經歷當作一副防風險的盔甲。如果看到組織領導對壞消息的反應不太好，你可能會在每月檢查時刪掉一些讓人失望的數字。如果團隊裡的工程師對使用者見解表示懷疑，你可能覺得讓他們專心於實作細節會更簡單。如果你看到其他產品經理因為推出一大堆無用功能而獲得獎勵，你可能覺得太過關注團隊為公司和使用者帶來的成果沒什麼意義。

正如第 7 章討論的，承認並在組織的限制內努力工作，通常是專注於為使用者創造價值的最佳選擇。但是，隨著時間過去，許多產品經理還是會把這些限制帶到自己的工作上，即使這些限制可能已經不存在。舉例來說，我看到很多產品經理一直對公司領導層隱瞞「壞消息」，儘管那些因對這類消息反應不佳而惡名昭彰的領導者已經不在了。同樣地，我看到很多產品經理堅持認為他們的公司永遠不會「以結果為導向」，即使公司領導層正在要求他們明確表示他們的團隊在未來幾個月想達成什麼目標。

實際上，這些預先的自我協商往往是實現團隊心理安全的最大障礙之一。哈佛組織行為學家 Amy Edmondson 在她的論文《Psychological Safety and Learning Behavior in Work

Teams》（*https://oreil.ly/oT4i2*）裡，將其描述為「團隊成員共同持有的一種信念，認為團隊在人際風險承擔方面是安全的。」雖然很多產品經理一下子就把心理安全缺失歸咎於公司高層，但很多時候，他們的團隊在承擔風險時感到不安全，其實是因為這些產品經理對公司高層的猜疑和投射。如果你的團隊成員對從未直接交流過的公司領導者有強烈的看法，那些看法肯定來自某個地方，而那個地方很可能就是你。

這裡有一個我曾與產品經理和領導者一起進行的思考實驗，以幫助他們擺脫這種模式：想像你正在為世界上最好的公司工作，不管這對你意味著什麼。你今天會採取什麼行動？如果你不相信他們「無法承受壞消息」，你會告訴領導層什麼？如果你不確定他們「不關心使用者的見解」，你會如何與團隊互動？如果你不確定「這家公司只關心推出一堆毫無意義的新功能」，你會建議產品的下一個重大步驟是什麼？

的確，你很可能會遇到你預期的那些阻礙。但你也可能會感到驚訝。在我自己的職業生涯中，我多次發現，那些據說「無法承受壞消息」的公司領導者，實際上是能夠承受壞消息的，尤其是毫無畏懼地直接傳達壞消息時。個人（以及他們組成的團隊和組織）完全有能力改變，但他們必須有機會去迎接這種改變。身為一名產品經理，為周圍的人留下學習和成長的大門，是你可以做的最慷慨和最具影響力的事情之一。

## 摘要：這是辛苦的工作，但是值得

從產品上市的激情到組織功能失調的挫敗，產品管理總是起伏不定、波濤洶湧。產品管理需要站在團隊和組織發生事物的核心，這意味著，發生多困難的事，就需要多艱辛的付出才能解決這些問題。

正因為如此，產品經理對於同事的生活和體驗能夠產生深遠的積極影響。由於你處於中間地帶，你所採取的行動可能會對其影響甚大。做為團隊與組織其他部門之間的非正式大使，你可以設定人們彼此溝通、傾聽和展現對方時間和觀點尊重的基調。在動盪不安的時期，你可以選擇成為團隊和公司最好的保護者。

## 你的檢查清單

- 小心別讓團隊陷入自動駕駛模式。帶來新想法和挑戰性觀點。
- 嘗試用有時限的原型探索產品方向，即使沒有立即或明顯的改變壓力。
- 記住，好的產品組織不是沒有衝突，而是能公開處理衝突，避免人身攻擊。
- 努力把最好和最激動人心時刻的活力帶到每天工作中。
- 如果你覺得自己是防止團隊崩潰的唯一救星，請退一步。列出你無法控制的事情，把有影響力的工作委派給同事，確保能保護團隊最珍視的流程和儀式。
- 懂得作為「夾心餅乾」有多大的責任，但也別忘了帶來的無限機會。竭力捍衛並展現團隊和組織最好的一面。
- 別把過去的經驗變成對團隊和組織未經驗證的假設。嘗試那些不確定會成功的事，並給身邊的人一個與你共同學習和成長的機會。

# 不惜一切代價

十多年前，我曾希望僅憑「產品經理」的頭銜就能讓我擁有權力和權威。這個頭銜裡的「經理」讓我覺得我將負責某個領域，而「產品」則暗示我負責的是整個產品，以及為建立該產品而付出努力的所有人。誰不想要這樣的工作呢？

但事實卻剛好相反。身為產品經理，你的頭銜給不了你任何東西，沒有正式的權限、沒有對產品方向或願景的固有控制，也無法在沒有他人幫助和支持的情況下，完成有意義事物的能力。在某種程度上，你能夠透過合作和信任來領導，但你必須每分每秒、每天都去贏得這份信任。而且，你必須在充滿無法解決的模糊性和不可簡化的複雜度角色中，為自己找到贏得信任的道路。

沒有例外，這意味著在建立你的產品管理實務過程中，你會犯錯 —— 顯而易見的、極端的、令人尷尬的錯誤。在需要坦率的時候，你會語焉不詳；在需要耐心的時候，你會急躁。你會依循「最佳實務」信守承諾，但它們仍然會以你從未想像過的方式產生反效果。你所犯的錯誤將對你自己、你的團隊和你的組織產生實際影響。你將因同事的慷慨和寬容而感到謙卑。而隨著時間過去，你甚至可能會對自己更寬容。

產品管理的美妙之處就在於此。無論你多聰明，產品管理都要求你學會如何接受錯誤。無論你多有魅力，產品管理都要求你學會如何用行動來支持你的言辭。而無論你多雄心勃勃，產品管理都要求你學會尊重和尊敬你的同伴。產品管理不會給你一份完美無瑕的工作描述，也不會讓你隱藏在正式權威的光環下。如果你想要成功，你需要成為一位更好的溝通者、更好的同事和更好的人。

幾年前，我在一家大型的流程驅動企業金融服務公司主持培訓會議。當話題轉到產品經理的日常職責時，一位剛入職的員工對他新角色中出乎意料的模糊感到沮喪：「我覺得每天上班，這個工作都變得完全不一樣。」房間裡的其他產品經理都微笑著。最後，他也開始笑了。就像許多在他之前的產品經理一樣，他曾問過這個問題：「我到底應該整天做些什麼？」而在不知不覺中，他已經找到了答案：無論需要做什麼，他都會勇於承擔。

A

# 產品管理實務推薦閱讀書單

近年來，針對在職產品經理的高品質內容呈現爆發式成長。以下是一份對我在建立產品管理實務方面最具影響力的書籍清單，以及每本書對你可能有所幫助的一些建議。請注意，這僅是一份書籍內容的指南；還有無數的文章、電子報、Twitter 帳號和會議演講影片可能同樣有幫助。一如既往，要保持關注，並隨時向你的產品經理人脈詢問他們最近都在閱讀什麼資料。

跳脫建構陷阱（*Escaping the Build Trap*），Melissa Perri 著，王薌君譯（歐萊禮，2021）

- 如果你在尋找：一本闡述產品管理為何重要，以及產品經理如何為組織帶來巨大價值的最佳概論。
- 對我的幫助：Perri 將產品管理視為協助業務與其用戶之間的價值交換，這依舊是我最喜愛對整個產品管理領域的解釋。對於任何想了解產品管理的本質及其重要性的從業者或高階主管，這都是一本絕佳的入門讀物。

*Inspired*，Marty Cagan 著（第二版，Wiley，2018）

- 如果你在尋找：一本現代產品管理基礎的書籍。
- 對我的幫助：你的同事、主管、甚至主管的主管可能都讀過這本《Inspired》，你也該讀一讀。這本書裡有很多有用的觀念和架構，第二版特別清晰易懂。

*Strong Product People: A Complete Guide to Developing Great Product Managers*，Petra Wille 著（2021）

- **如果你在尋找**：一本大方而全面的指南，幫你理解並培育自己和他人成為優秀的產品經理和領導者。
- **對我的幫助**：這本書裡有太多好點子，讓人挑不完。不過，Wille 對產品領導中教練角色的細膩分析對我個人特別有幫助。如果我職涯裡只能有一本產品管理書，我會很高興地選擇這本。

*Mindset: The New Psychology of Success*，Carol S. Dweck 著（Random House，2006）

- **如果你在尋找**：一種能克服你過度追求成功的方法，敞開心胸接受錯誤並學到新知識。
- **對我的幫助**：本書第 3 章曾談論培養成長心態對產品經理成功有多重要。這本書幫我明白我常常在固定心態下工作，以及為啥我會這樣。它甚至讓我知道，那些讓我覺得自己很聰明或有成就的時候，對我的團隊和公司可能造成實質性的傷害。

*Crucial Conversations*，Joseph Grenny、Kerry Patterson、Ron McMillan、Al Switzler 以及 Emily Gregory 著（第三版，McGraw-Hill Education，2021）

- **如果你在尋找**：在面對困難對話時，不變得防禦性、封閉或驚慌的策略。
- **對我的幫助**：產品管理工作有很大一部分，是要克制跟克服對別人意見和問題的防守和反生產行為。這本書對於避免產品經理常遇到的溝通陷阱超有用，同時也能應用在私下面對困難對話。書裡提到「受害者故事」作為應對衝突的方法，幫助我了解並克服自己扮演產品犧牲者的傾向。

*The Trusted Advisor*，David H. Maister、Charles H. Green 以及 Robert M. Galford（20th Anniversary Edition，Free Press，2021）

- **如果你在尋找**：跟客戶和高層利害關係人建立信任的具體策略。
- **對我的幫助**：《The Trusted Advisor》詳細描述很多我在工作中太快反應的反生產行為。讀完這本書後，我再也不會在談到顧問工作範疇時說類似「我會讓最優秀的人負責」這種話。

*Continuous Discovery Habits*，Teresa Torres 著（Product Talk，2021）

- **如果你在尋找**：一本全面而實際的指南，讓整個產品團隊跟他們服務的客戶拉近距離。
- **對我的幫助**：Teresa Torres 為產品界做了超多貢獻，但她對「持續發現」清楚而直接的定義（開頭就是「至少每週跟客戶有互動 ...」）是評估團隊和組織是否認真對待從客戶那學習所需工作的最佳方法，一點也不含糊。

*Customers Included*，Mark Hurst（第二版，Creative Good，2015）

- **如果你在尋找**：一本引人入勝且充滿深思的指南，闡述為什麼以及如何在產品開發過程中考量客戶。
- **對我的幫助**：Mark Hurst 是我最喜歡的有關人類與技術關係的作家和思考者之一。這本書寫得極為出色，言簡意賅，充滿引人入勝的真實案例。

*Just Enough Research*，Erika Hall 著（第二版，A Book Apart，2019）

- **如果你在尋找**：關於研究以了解利害關係人、競爭對手和使用者的直接且實用指導。

- **對我的幫助**：這本書提供了具體研究方法和高層次指導的絕佳平衡，闡述為什麼以及如何進行研究。它既是一本便利的參考書，也是一本有趣的閱讀，簡潔、實用且引人入勝。每當我開展涉及任何研究的項目時，我通常都會隨身攜帶這本書，既可以查閱具體技巧，也可以根據需要調整我的整體方法。

*The Scrum Field Guide: Agile Advice for Your First Year and Beyond*，Mitch Lacey 著（第二版，Addison-Wesley Professional，2016）

- **如果你在尋找**：實用的敏捷框架實施指導。
- **對我的幫助**：在我作為產品經理的職業生涯初期，我閱讀了很多關於敏捷軟體開發的書籍，而這本是我最喜歡的。具體來說，這本書真正幫助我理解並應對在開始實施敏捷實踐時團隊可能出現的反應。

*Radical Focus*，Christina Wodtke（第二版，Cucina Media，2021）

- **如果你在尋找**：更多關於目標和關鍵結果框架的資訊，或者對設定組織目標的全新見解。
- **對我的幫助**：在不同組織以不同程度的成功實施目標和關鍵結果框架後，我很高興找到一本以引人入勝的敘事方式描述 OKR 的書。這本書點出團隊在實施 OKR 時可能犯的幾乎所有錯誤，而 Wodtke 重點式的強調目標也提醒著我們：設定的目標也提供關於不要做或不要建立的重要指引。

*Lean Analytics*，Alistair Croll and Benjamin Yoskovitz 著（O'Reilly，2013）

- **如果你在尋找**：一本關於如何用分析幫助你了解產品和業務真實狀況的實用指南。

- **對我的幫助**：《Lean Startup》系列裡有很多好書，但這本是我最愛的。即使對過度依賴資料指標有所擔憂的我，也發現這本書對思考如何，以及為什麼利用分析來改善組織運作的方式非常有幫助。

*The Advantage: Why Organizational Health Trumps Everything Else in Business*，Patrick Lencioni 著（Jossey-Bass，2012）

- **如果你在尋找**：更好地了解組織健康（和功能失調）的方法。
- **對我的幫助**：《The Advantage》是我向大多數人推薦的第一本商業書，因為它以無與倫比的清晰和寬容描述了組織功能失調的常見模式。閱讀《The Advantage》幫助我了解，身為產品經理的職業生涯中遇到的許多組織功能失調模式是真實且普遍存在的，而不僅僅是我自己經驗不足的表現。

*Good to Great*，Jim Collins 著（HarperBusiness，2001）

- **如果你在尋找**：一個對組織實現卓越成果的原因進行細緻、科學分析的途徑。
- **對我的幫助**：《Good to Great》是一本經過深入研究、啟發人心且富有娛樂性的指南，解釋了為什麼有些公司能成功，但有些卻失敗。這裡有關於組織領導的重要教訓，對於理解何時、為什麼以及如何向高層領導提供坦率回饋非常重要。續集《How the Mighty Fall》也是一本很棒的讀物。

B

# 本書引用的文章、影片、電子報和部落格文章

「Product Management for the Enterprise」作者：Blair Reeves

- *https://oreil.ly/i3Jk7*

「Product Discovery Basics: Everything You Need to Know」作者：Teresa Torres

- *https://oreil.ly/iOYm4*

「What, Exactly, Is a Product Manager?」作者：Martin Eriksson

- *https://oreil.ly/K6MZ3*

「Interpreting the Product Venn Diagram with Matt LeMay and Martin Eriksson」

- *https://oreil.ly/cBEds*

「Leading Cross-Functional Teams」作者：Ken Norton

- *https://oreil.ly/BN9Ak*

「Getting to Technical Enough as a Product Manager」作者：Lulu Cheng

- *https://oreil.ly/9xWpa*

「You Didn't Fail, Your Product Did」作者：Susana Lopes

- *https://oreil.ly/e6BdT*

「Good Product Manager/Bad Product Manager」作者：Ben Horowitz

- *https://oreil.ly/z3688*

「The Tools Don't Matter」作者：Ken Norton

- *https://oreil.ly/PUblu*

「The Failure of Agile」作者：Andy Hunt

- *https://oreil.ly/HuwWb*

「The Heart of Agile」作者：Alistair Cockburn

- *https://oreil.ly/sUyhQ*

「Incomplete by Design and Designing for Incompleteness」作者：Raghu Garud、Sanjay Jain 和 Philipp Tuertscherw

- *https://oreil.ly/JKMoH*

「Why Happier Autonomous Teams Use One-Pagers」作者：John Cutler

- *https://oreil.ly/FFzbq*

「One Page/One Hour」

- *https://oreil.ly/nYQeP*

「Making Advanced Analytics Work for You」作者：Dominic Barton 和 David Court

- *https://oreil.ly/RpgVO*

「What Are Survival Metrics? How Do They Work?」作者：Adam Thomas

- *https://oreil.ly/p962F*

「Opportunity Solution Trees: Visualize Your Thinking」作者：Teresa Torres

- *https://oreil.ly/du5IJ*

「Don't Prove Value. Create It.」作者：Tim Casasola

- *https://oreil.ly/3dXpM*

「The Truth about Customer Experience」作者：Alex Rawson、Ewan Duncan 和 Conor Jones

- *https://oreil.ly/mOo97*

「People Systematically Overlook Subtractive Changes」作者：Gabrielle S. Adams、Benjamin A. Converse、Andrew H. Hales 和 Leidy E. Klotz

- *https://oreil.ly/X8QE8*

「Empowered Product Teams」作者：Marty Cagan

- *https://oreil.ly/kOWUB*

# 索引

※ 提醒您：由於翻譯書排版的關係，部分索引名詞的對應頁碼會和實際頁碼有一頁之差。

## A

## B



## C

# D



# E

## F



## G



## H

## N



## O



## P

## Q



## R

# S

## T

## 關於作者

Matt LeMay 是一位國際知名的產品管理大師、作家及講者。他是 Sudden Compass 的共同創辦人和合夥人，該公司匯集了眾多世界級的策略家、產品領袖、資料分析師和網路建設者，曾與 Spotify、Google 和 Intuit 等知名公司合作。Matt 曾在新創公司以及財富 50 強企業等各種公司中，建立和擴展產品管理實務，並為 GE、美國運通、輝瑞、麥肯和強生等企業展開並帶領數位化轉型和資料策略研討會。在這之前，Matt 曾在音樂新創公司 Songza（後被 Google 收購）擔任資深產品經理，以及在 Bitly 擔任消費者產品主管。此外，他還是一位音樂家、錄音師，並著有一本關於創作歌手 Elliott Smith 的著作。他目前與太太 Joan 居住在英國倫敦。

## 出版記事

本書封面插圖由 Jose Marzan Jr. 繪製。

# 產品管理最佳實務 第二版

作　　者：Matt LeMay
譯　　者：廖明沂
企劃編輯：蔡彤孟
文字編輯：詹祐甯
特約編輯：袁若喬
設計裝幀：陶相騰
發 行 人：廖文良

發 行 所：碁峰資訊股份有限公司
地　　址：台北市南港區三重路 66 號 7 樓之 6
電　　話：(02)2788-2408
傳　　真：(02)8192-4433
網　　站：www.gotop.com.tw
書　　號：A716
版　　次：2023 年 09 月初版
建議售價：NT$580





國家圖書館出版品預行編目資料

產品管理最佳實務 / Matt LeMay 原著；廖明沂譯. -- 初版.
-- 臺北市：碁峰資訊, 2023.09
面；　公分
譯自：Product Management in Practice, 2nd Edition
ISBN 978-626-324-629-4(平裝)
1.CST：商品管理
496.1　　112014813


讀者服務

- 感謝您購買碁峰圖書，如果您對本書的內容或表達上有不清楚的地方或其他建議，請至碁峰網站：「聯絡我們」\「圖書問題」留下您所購買之書籍及問題。(請註明購買書籍之書號及書名，以及問題頁數，以便能儘快為您處理)
http://www.gotop.com.tw
- 售後服務僅限書籍本身內容，若是軟、硬體問題，請您直接與軟體廠商聯絡。
- 若於購買書籍後發現有破損、缺頁、裝訂錯誤之問題，請直接將書寄回更換，並註明您的姓名、連絡電話及地址，將有專人與您連絡補寄商品。